平面设计师的私房菜

你无法绕开的第一本
InDesign
实战技能宝典

卜彦波　张　宏　袁震寰　主编

清华大学出版社
北京

<h1 style="text-align:center">内 容 简 介</h1>

本书是一本实例中穿插理论的实用性书籍，全方位地讲述了 InDesign 软件的各个功能和具体商业案例。本书共分为 12 章，具体内容包括基础知识、简单文字的应用、图形的绘制、图形图像的编辑、布局与对象编辑的应用、排版操作的应用、DM 宣传页设计与制作、海报广告设计与制作、宣传画册设计与制作、报纸版式设计与制作、杂志版式设计与制作、网页设计与制作，其中几乎涵盖了日常工作中所使用到的全部工具与命令。

本书附赠案例的素材文件、效果文件、PPT 课件和视频教学文件，方便读者在学习的过程中利用素材文件以及实例文件进行练习，提高学习兴趣、实际操作能力以及工作效率。

本书以实例形式讲解软件功能和商业应用案例，针对性和实用性较强，能使读者巩固所学技术技巧，可作为读者在实际学习工作中的参考手册。本书适合作为各大院校、培训机构的教学用书，以及读者自学 InDesign 的参考用书。

图书在版编目（CIP）数据

你无法绕开的第一本InDesign实战技能宝典 / 卜彦波，张宏，袁震寰主编. —北京：清华大学出版社，2021.6

（平面设计师的私房菜）

ISBN 978-7-302-57959-5

Ⅰ.①你…　Ⅱ.①卜…　②张…　③袁…　Ⅲ.①电子排版—应用软件　Ⅳ.①TS803.23

中国版本图书馆 CIP 数据核字（2021）第 064197 号

责任编辑：韩宜波
封面设计：李　坤
责任校对：周剑云
责任印制：刘海龙

出版发行：清华大学出版社
　　　　网　　　址：http://www.tup.com.cn，http://www.wqbook.com
　　　　地　　　址：北京清华大学学研大厦 A 座　　　　　　　邮　　编：100084
　　　　社 总 机：010-62770175　　　　　　　　　　　　　　邮　　购：010-62786544
　　　　投稿与读者服务：010-62776969，c-service@tup.tsinghua.edu.cn
　　　　质 量 反 馈：010-62772015，zhiliang@tup.tsinghua.edu.cn
印 装 者：小森印刷（北京）有限公司
经　　销：全国新华书店
开　　本：185mm×260mm　　　　印　　张：19.25　　　　字　　数：474 千字
版　　次：2021 年 8 月第 1 版　　　印　　次：2021 年 8 月第 1 次印刷
定　　价：99.00 元

产品编号：047399-01

前　言

当您不知如何快速又简单地学习 InDesign 时，那么恭喜您翻开这本书。您找对了！

市场上大量的 InDesign 书籍，其中要么是理论类型的图书，要么是单纯案例形式的书籍。本图书开发的初衷是兼顾理论与实践，所以在内容上通过实例的形式来展现每章的知识点，在讲解实例的同时，将软件的知识安排在实战中，让浏览者能够真正做到完成实例的同时顺带掌握软件的功能知识。本书针对初学者，内容方面兼顾 InDesign 的功能基础，但是每章的内容又是以实例的形式进行展现，在实例中包含实例思路、实例要点、技巧和提示等内容，从而大大丰富了一个实例的知识功能和技术范围。

Adobe InDesign 简称 ID，是由 Adobe 开发和发行的排版软件。InDesign 软件是一个定位于专业排版领域的设计软件，是面向公司专业出版方案的新平台，由 Adobe 公司于 1999 年 9 月 1 日发布。它基于一个新的开放的面向对象体系，可实现高度的扩展性，还建立了一个由第三方开发者和系统集成者提供自定义杂志、广告设计、目录、零售商设计工作室和报纸出版方案的核心，可支持插件功能。

随着技术的进步，软件的更新速度也加快了脚步，一本与其版本相对应的书籍会在软件升级后而变得落伍，新版本的书也会很快铺满市场。本着对读者负责任的态度，我们反复考察用户的需求，特意为不想总去书店购买新版本书籍的人士推出了本书。本书的最大优点就是突破版本限制，将理论与实战相融合，对于无论使用的是旧版本还是新版本 InDesign 的读者而言，完全不会受到软件上的限制。跟随本书的讲解，大家可以非常轻松地实现举一反三，从而以最快的速度进入 InDesign 的奇妙世界。

基于 InDesign 在排版行业的应用程度之高，所以将内容分成了软件部分和商业案例两个部分，通过实例介绍 InDesign 软件的各个功能，同时给出商业案例的制作步骤。本书的作者有着丰富教学经验与实际工作经验，在编写本书时希望能将自己实际授课和作品设计制作中积累下来的宝贵经验与技巧展现给读者。希望读者能够在体会 InDesign 软件强大功能的同时，掌握各个主要功能的使用方法，将版式设计和创意设计应用到自己的作品中。

本书特点

本书内容由浅入深，循序渐进，每一章的内容都丰富多彩，力争运用大量的实例涵盖 InDesign 中全部的知识点。

本书具有以下特点。

● 内容全面，几乎涵盖了 InDesign 中的所有知识点。本书由具有丰富教学经验的设计师编写，从软件基础、版式制作的一般流程入手，逐步引导读者学习应用软件和制作作品的各种技能。

● 语言通俗易懂，前后呼应，以最小的篇幅、最易读懂的语言来讲解每一个实例。实例中穿插有功能技巧，让您学习起来更加轻松，阅读更加容易。

● 书中把许多重要工具、重要命令都精心地放置到与之相对应的实例中，让您在不知不觉中学习到实例的制作方法和软件的操作技巧。

● 注重技巧的归纳和总结，使读者更容易理解和掌握，从而方便知识点的记忆，进而能够举一反三。

● 多媒体视频教学，学习轻松方便，使读者像看电影一样记住其中的知识点。本书配有所有实例的多媒体视频教程、案例最终源文件、素材文件、教学 PPT 和课后习题答案。

本书内容安排

第 1 章为基础知识。本章主要讲解矢量图与位图、InDesign CC 软件的界面、文档的新建、新建书籍、新建库、打开文档、置入素材、屏幕模式与显示性能、标尺、参考线、保存文件、关闭文件等内容，使读者对 InDesign 整个工作窗口和操作中的一些基础知识有一个初步了解，方便读者后面的学习。

第 2 章为简单文字的应用。主要讲述利用文字的大小对比、字体对比、颜色对比等，制作出非常具有吸引力的文本设计内容。

第 3 章为图形的绘制。InDesign 排版时，除了文字以外，基本的图形绘制同样起到非常重要的作用。

第 4 章为图形图像的编辑。InDesign 的图形图像编辑，不但应用于矢量图，还可以对位图图像进行非常细致的操作，也可以很方便地与多种应用软件进行协同工作。用户可以通过"链接"面板来管理出版物中置入的图像文件。

第 5 章为布局与对象编辑的应用。InDesign 是非常专业的排版软件，在布局元素时非常方便，对对象的编辑能力也非常出众，使用户能更方便快捷地应用或查看图像。

第 6 章为排版操作的应用。在制作多页文档时，经常要反复对面版面中的文字样式、段落样式、对象样式等内容进行设置。掌握这些功能后，可以使用户快速制作出风格统一、样式美观的版面效果。

第 7 章为 DM 宣传页设计与制作。主要向读者介绍有关 DM 宣传页版式设计的相关知识和内容，并通过商业案例的分析讲解，使读者能够深入地理解 DM 宣传页版式设计的方法和技巧。

第 8 章为海报广告设计与制作。主要向读者介绍有关海报广告设计的相关知识和内容，并为大家精心设计了三个不同行业的海报广告，分别是公益海报、电影海报和文化海报。

第 9 章为宣传画册设计与制作。主要向读者介绍有关宣传画册的相关知识和内容，并为大家精心设计了三个不同行业的宣传画册，分别是世博会展示画册、饭店就餐宣传画册和菜单。

第 10 章为报纸版式设计与制作。主要向读者介绍有关报纸版式设计的相关知识和内容，并为大家精心设计了两个不同行业的报纸版式，分别是旅游报纸整版页面和健康生活报单页版面。

第 11 章为杂志版式设计与制作。主要向读者介绍有关杂志版式设计的相关知识和内容，并为大家精心设计了三个不同行业的杂志版式，分别是彩妆杂志封面、办公杂志内页和汽车杂志内页。

第 12 章为网页设计与制作。主要向读者介绍有关网页设计的相关知识和内容，并为大家精心设计了两个网页效果，分别是商品广告类网页和公益宣传网页。

本书读者对象

本书主要面向初、中级读者。将软件每个功能的讲解安排到案例当中，以前没有接触过 InDesign 的读者无须参照其他书籍即可轻松入门，接触过 InDesign 的读者同样可以从中快速了解 InDesign 的各种功能和知识点，自如地踏上新的台阶。

本书由卜彦波、张宏、袁震寰编著，其他参与编写的人员还有朱芬妮、沈桂军、张文超、金洪宇、杨晓宇、肖荣光、祁淑玲、吴忠民、孙一博、佟伟峰、刘琳、米晓林、关向东、刘红卫、霍宏、曹培强、曹培军等，在此一并表示感谢。

本书提供了实例的素材、源文件和视频文件，以及 PPT 课件，扫一扫下面的二维码，推送到自己的邮箱后下载获取。

由于作者知识水平有限，书中难免有疏漏和不妥之处，恳请广大读者批评、指正。

编　者

目　录
contents

第 1 章

基础知识

本章主要讲解矢量图与位图、InDesign CC 软件的界面、文档的新建、新建书籍、新建库、打开文档、置入素材、屏幕模式与显示性能、标尺和参考线、保存文件、关闭文件等内容，使读者对 InDesign 整个工作窗口和操作中的一些基础知识有一个初步了解，方便读者后面的学习。

本章内容

- ▶ 认识矢量图与位图
- ▶ 置入素材
- ▶ 认识工作界面
- ▶ 屏幕模式与显示性能
- ▶ 新建文档
- ▶ 标尺、参考线与网格
- ▶ 打开文档
- ▶ 存储、关闭与导出文件

实例1　认识矢量图与位图

实例思路

无论使用哪个设计软件，都应该对图像处理中涉及的位图与矢量图的知识进行了解。

实例要点

▶ 矢量图概念 ▶ 位图概念

什么是矢量图

矢量图是由使用数学方式描述的曲线，以及由曲线围成的色块组成的面向对象的绘图图像。矢量图像中的图形元素叫作对象，每个对象都是独立的，具有各自的属性，如颜色、形状、轮廓、大小和位置等。由于矢量图与分辨率无关，因此无论如何改变图形的大小，都不会影响图形的清晰度和平滑度，如图1-1所示。

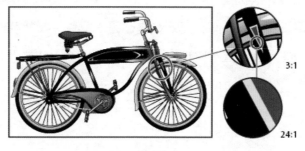

图 1-1

> 提示：对矢量图进行任意缩放，都不会影响分辨率。矢量图形的缺点是不能表现色彩丰富的自然景观与色调丰富的图像。

什么是位图

位图也叫作点阵图，是由许多不同色彩的像素组成的。与矢量图相比，位图可以更逼真地表现自然界的景物。此外，位图与分辨率有关，当放大位图图像时，位图中的像素增加，图像的线条将会显得参差不齐，这是像素被重新分配到网格中的缘故。此时可以看到构成位图图像的无数个单色块，因此放大位图或在比图像本身的分辨率低的输出设备上显示位图时，将丢失其中的细节，并会呈现出锯齿效果，如图1-2所示。

> 技巧：如果希望位图图像放大后边缘保持光滑，就必须增加图像中的像素数目，此时图像占用的磁盘空间就会加大。而矢量图就不会出现加大磁盘空间的麻烦。

图 1-2

实例2 认识工作界面

（实例思路） --

任何的图形图像软件，在进行创作时都不会绕过软件的工作界面，打开软件后可以通过"新建"或"打开"命令来显示整体的工作界面，本例是通过"打开"命令打开如图 1-3 所示的"菜单"，以此来认识 InDesign CC 的工作界面。

图 1-3

（实例要点） --

▶▶ "打开"命令的使用　　　　　　▶▶ 界面中各个功能的介绍

步骤01 执行菜单"文件 / 打开"命令，打开随书附带的"素材 \01\ 菜单 .indd"文件，整个 InDesign CC 的工作界面如图 1-4 所示。

步骤02 标题栏在非全屏显示状态时位于整个窗口的顶端，显示了当前应用程序的名称、相应功能的快捷图标、相应功能对应工作区的快速设置；其右侧还有 3 个窗口控制按钮，用于控制窗口的最小化、最大化和关闭等操作。

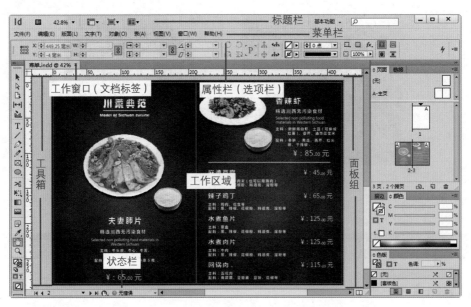

图 1-4

步骤 03 在默认的情况下，菜单栏位于标题栏的下方，它是由"文件""编辑""版面""文字""对象""表""视图""窗口"、"帮助"9 个菜单组成，包含了操作过程中需要的所有命令，单击可弹出下拉菜单，如图 1-5 所示。

> **技巧**：如果菜单中的命令显示为灰色，则表示该命令在当前编辑状态下不可用；如果在菜单右侧有一个三角符号 ▶，则表示此菜单包含有子菜单，只要将鼠标指针移动到该菜单上，即可打开其子菜单；如果在菜单右侧有省略号"…"，则执行此菜单项目时将会弹出与之有关的对话框。

步骤 04 InDesign 的工具箱位于工作界面的左边，所有工具全部放置到工具箱中；如果要使用工具箱中的工具，只要单击该工具图标即可；如果该图标中还有其他工具，单击鼠标右键即可弹出隐藏工具栏，选择其中的工具即可，如图 1-6 所示就是 InDesign 的工具箱（此工具箱为 CC 版本的）。

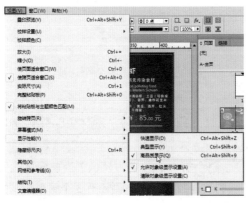

图 1-5

图 1-6

技巧：InDesign 从 CS3 版本后，只要在工具箱顶部单击三角形转换符号，就可以将工具箱的形状在单长条、短双条和横单条之间变换，如图 1-7 所示。

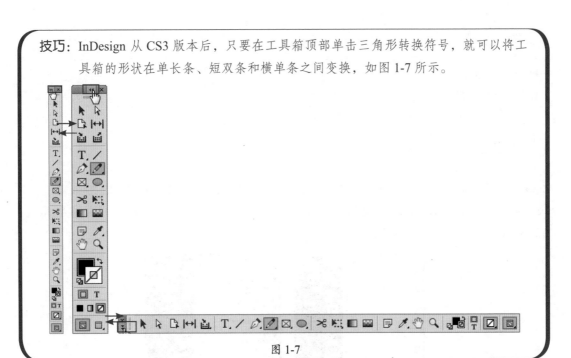

图 1-7

步骤 05 InDesign 的属性栏（选项栏）提供了控制工具属性的选项，其显示内容根据所选工具的不同而发生变化。选择相应的工具后，InDesign 的属性栏（选项栏）将显示该工具可使用的功能和可进行的编辑操作等。属性栏一般被固定存放在菜单栏的下方。如图 1-8 所示就是使用 🔲（矩形工具）绘制矩形后，显示的该工具的属性栏。

图 1-8

步骤 06 工作区域是进行绘图、编辑图形的工作区域。用户还可以根据需要执行"视图"菜单中的适当选项来控制工作区内的显示内容或调整大小等。

步骤 07 面板组是放置面板的地方，根据工作区的不同，会显示与该工作相关的面板。面板位于界面的右侧，将常用的面板集合到一起，用户可以随时切换以访问不同的面板内容。

步骤 08 工作窗口（文档标签）可以显示当前图像的文件名和显示比例等信息。

步骤 09 状态栏在图像窗口的底部，位于文档窗口的下方，提供了当前文档的显示页面和状态。

实例3　新建文档

（实例思路）

介绍在 InDesign CC 中新建文档的方法和创建过程。

（实例要点） --

►► 启动 InDesign CC   ►► 新建文档

►► "新建文档"对话框

（操作步骤） --

步骤01 单击桌面左下方的"开始"按钮，将鼠标指针移动到"程序"选项上，右侧展开下一级子菜单；再将鼠标指针移至 Adobe 选项上，展开下一级子菜单，最后将鼠标指针移至 Adobe InDesign CC 选项，如图 1-9 所示。

图 1-9

> 提示：如果在电脑桌面上创建有 InDesign CC 快捷方式，在 [Id] 图标上双击，也可快速
> 地启动 InDesign CC。

步骤02 在 Adobe InDesign CC 选项上单击鼠标左键，即可启动 InDesign CC，如图 1-10 所示，默认系统会打开 InDesign CC 的软件界面，如图 1-11 所示。

图 1-10

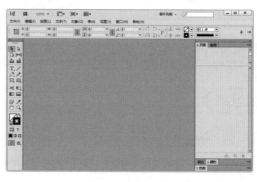

图 1-11

步骤03 执行菜单"文件 / 新建 / 文档"命令，系统会弹出如图 1-12 所示的"新建文档"对话框。

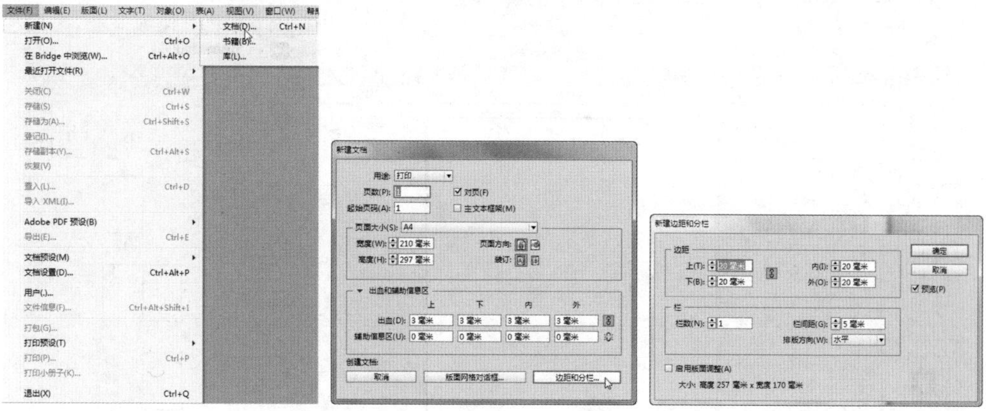

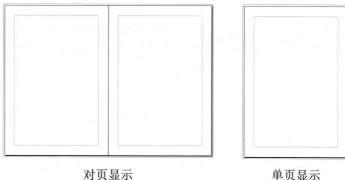

图 1-12

其中的各项含义如下。

● 页数：用来设置当前新建文档的页数，最多不超过 9999 页。

● 对页：选中该复选框后，可以从偶数页开始同时显示正在编辑的两个页面，否则只显示当前正在编辑的单个页面，如图 1-13 所示。

对页显示   单页显示

图 1-13

● 起始页码：用来设置文档的第一页的起始数值。

● 主文本框架：选中该复选框后，系统能自动以当前的页边距大小创建一个文本框。

● 页面大小：可以选择已经设置好的文档大小，如 A4、A5、信封等，还可以自定义文档的"高度"与"宽度"。

● 出血和辅助信息区：通过设置"上""下""内"和"外"的数值来控制出血和辅助信息区范围。

单击"边距和分栏"按钮，打开对话框中的选项含义如下。

● 分栏：设置页面分栏的栏数和栏间距大小，以及文本框的排版方向。

● 边距：区域中的数值用来控制页面四周的空白大小。

步骤04 设置完成单击"确定"按钮，系统自动新建一个空白文档，如图 1-14 所示。

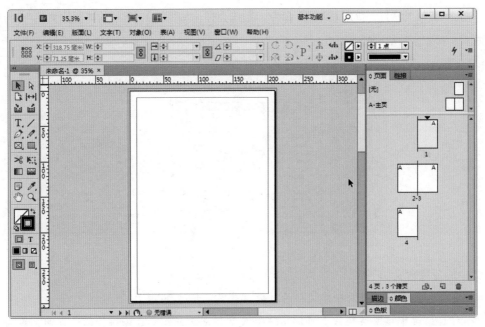

图 1-14

 实例 4　新建书籍

（实例思路） --

　　书籍文件是一个可以共享样式、色板、主页及其他项目的文档集，可以按顺序给书籍文档中的页面编号、打印书籍中选定的文档或者将它们导出为 PDF。一个文档可以隶属于多个书籍文件。添加到书籍文件中的其中一个文档便是样式源。本例介绍在 InDesign CC 中新建书籍的方法和创建过程。

（实例要点） --

▶ InDesign CC 新建书籍　　　　　　　　　▶ 添加文档

（操作步骤） --

步骤01 执行菜单"文件 / 新建 / 书籍"命令，系统会弹出如图 1-15 所示的"新建书籍"对话框。

步骤02 在"文件名"文本框中输入书籍的名称"我的第一本书"，如图 1-16 所示。

步骤03 设置完成单击"保存"按钮，完成书籍的创建，如图 1-17 所示。

图 1-15

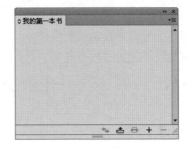

图 1-16   图 1-17

其中的各项含义如下。

- （使用"样式源"同步样式和色板）：单击该按钮，可以使用样式源同步样式和色板操作。
- （存储书籍）：单击该按钮，可以对书籍进行存储。
- （打印书籍）：单击该按钮，可以对书籍进行打印。
- （添加文档）：单击该按钮，可以为书籍添加文档。
- （移去文档）：单击该按钮，可以对书籍进行移去文档操作。

步骤04 新建书籍后，可以单击 （添加文档）按钮，打开"添加文档"对话框，在该对话框中选中需要添加的文档，如图 1-18 所示。

图 1-18

步骤⑤ 设置完成单击"打开"按钮，添加文档后的书籍面板效果如图 1-19 所示。

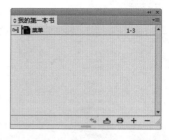

图 1-19

 实例5　新建库

（实例思路） --

　　对象库在磁盘上是以命名文件的形式存在。创建对象库时，首先要指定其存储位置。对象库在打开后将显示为面板，可以与任何其他面板编组；对象库的文件名显示在它的面板选项卡中。关闭操作会将对象库从当前会话中删除，但并不删除它的文件。可以在对象库中添加或删除对象、选定页面元素或整页元素，可以将库对象从一个库添加或移动到另一个库。本例介绍在 InDesign CC 中新建库的方法和创建过程。

（实例要点） --

▶ InDesign CC 新建库　　　　　　　　　　　▶ 在库中添加项目

（操作步骤） --

步骤① 执行菜单"文件 / 新建 / 库"命令，系统会弹出如图 1-20 所示的"新建库"对话框。

图 1-20

步骤② 在"文件名"文本框中输入库的名称"书籍库"，如图 1-21 所示。

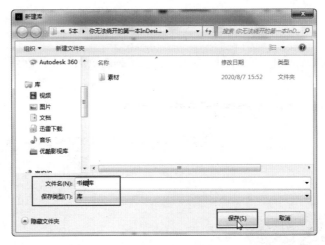

图 1-21

步骤 03 设置完成单击"保存"按钮，完成库的创建，如图 1-22 所示。

其中的各项含义如下。

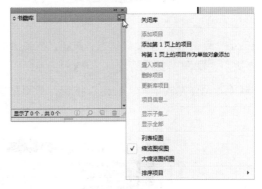

图 1-22

● （库项目信息）：单击该选项按钮，在打开的对话框中可以设置"项目名称""对象类型"以及"说明"。

● （显示库子集）：单击该按钮，打开"显示子集"对话框，在其中可以进行库中项目的搜索。

● （新建库项目）：在文档中选择一个项目元素后，单击此按钮，可以将选择的内容添加到"库"面板中。

● （删除库项目）：单击该按钮，可以将在"库"面板中选择的项目删除。

● 关闭库：选择此命令，可以关闭"库"面板。

● 添加项目：选择此命令，可以将选择的内容添加到"库"面板中。

● 添加页上的项目：选择此命令，可以将当前选择的页面添加到"库"面板中。

● 将页上的项目作为单独对象添加：选择此命令，可以将当前选择的页面中的全部项目元素都添加到"库"面板中。

● 置入项目：选择此命令，可以将在"库"面板中选择的项目添加到文档中。

● 删除项目：选择此命令，可以将在"库"面板中选择的项目删除。

● 更新库项目：选择此命令，可以将"库"面板中的项目内容进行更新。

● 项目信息：选择此命令，在打开的对话框中可以设置"项目名称""对象类型"以及"说明"。

● 显示子集：选择此命令，打开"显示子集"对话框，在其中可以进行库中项目的搜索。

● 显示全部：选择此命令，可以在"库"面板中显示全部内容。

步骤04 打开"菜单"文档，在"书籍库"面板的弹出菜单中选择"添加第 2 页上的项目"命令，如图 1-23 所示。

步骤05 执行"添加第 2 页上的项目"命令后，会将选择的页面整个添加到"书籍库"面板中，如图 1-24 所示。

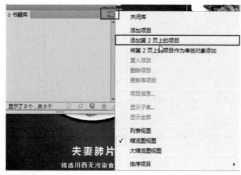

图 1-23   图 1-24

步骤06 单击 ⓘ（库项目信息）按钮，在弹出的"项目信息"对话框中，设置"项目名称"为"第 2 页"，如图 1-25 所示。

步骤07 设置完成单击"确定"按钮，效果如图 1-26 所示。

图 1-25   图 1-26

步骤08 使用 ▱（选择工具）在文档中选择一个图片，在"书籍库"面板中单击 ▱（新建库项目）按钮，将此图像直接添加到"书籍库"面板中，效果如图 1-27 所示。

> **技巧：** 在文档中选择项目元素后，直接将其拖曳到"库"面板中，同样可以将选择项目元素添加到"库"面板中。

图 1-27

步骤09 在面板弹出菜单中选择"将第 2 页上的项目作为单独对象添加"命令，如图 1-28 所示。

步骤10 执行"将页上的项目作为单独对象添加"命令后，会将页面中的所有项目元素都添加到"书籍库"面板中，如图 1-29 所示。

图 1-28

图 1-29

实例 6　打开文档

实例思路

　　本例以"汽车杂志内页 .indd"文件为例，讲解
通过执行菜单"文件 / 打开"命令将选择的文档打开，
如图 1-30 所示。

图 1-30

实例要点

　　打开"打开文件"对话框　　　　　　　▶ 打开"汽车杂志内页 .indd"文件

操作步骤

步骤 01 打开 InDesign CC 软件。

步骤 02 执行菜单"文件 / 打开"命令，在弹出的"打开文件"对话框中选择"素材 \01\ 汽车杂志内页 .indd"文件，如图 1-31 所示。

图 1-31

其中的各项含义如下。

● "查找范围"下拉列表框：用于查找文档所保存的位置。

● "文件名"下拉列表框：用于输入或选择文件完整路径和名称来打开文档。

● "文件类型"下拉列表框：用于选择不同的文件类型，在列表框中会列出当前目录中的所有属于所选类型的文档。

● "打开方式"选项区域：选择"正常"以打开原始文档或模板副本；选择"原稿"以打开原始文档或模板；选择"副本"以打开文档或模板的副本。

> **技巧**：按键盘上的 Ctrl+O 快捷键，可直接弹出"打开"对话框，快速打开文件；在文件名称上双击，也可将该文档打开。

步骤03 单击"打开"按钮，打开"汽车杂志内页 .indd"文件，如图 1-32 所示。

图 1-32

> **技巧**：高版本的 InDesign 可以打开低版本的 ai 文件，但低版本的 InDesign 不能打开高版本的 ai 文件。解决的方法是在保存文件时选择相应的低版本。

> **提示**：安装 InDesign 软件后，系统能自动识别 indd 格式的文件，在 indd 格式的文件上双击鼠标，无论 InDesign 软件是否启动，即可用 InDesign 软件打开该文件。

实例 7　置入素材

实例思路 -

在使用 InDesign 绘图时，有时需要从外部导入非 InDesign 格式的图片文件、文本等。下面将通过实例讲解导入非 InDesign 格式的外部图片和文本的方法。

实例要点 -

▶▶ 打开"置入"对话框　　　　　　▶▶ 置入矢量图

▶▶ 直接拖动图像置入　　　　　　　▶▶ 置入位图

操作步骤 -

步骤 01 执行菜单"文件 / 新建"命令，新建一个空白文档。

步骤 02 执行菜单"文件 / 置入"命令，弹出"置入"对话框，如图 1-33 所示。

步骤 03 在"置入"对话框的查找路径中，选择随书附带的"素材 \01\ 古董车 .jpg"文件，单击"打开"按钮，如图 1-34 所示。

图 1-33

图 1-34

其中的各项含义如下。

● 显示导入选项：要设置特定格式的导入选项，需要选中该项。

● 替换所选项目：导入的文件可以替换所选框架的内容、所选文本或添加到文本框架的插入点。取消选中该选项，则将导入的文件排列到新框架中。

● 创建静态题注：要添加基于图像源数据的题注，则需要选中该选项。

步骤04 单击"打开"按钮后，在页面中直接单击，可以将素材按图像大小置入到文档中如图 1-35 所示。

步骤05 单击"打开"按钮，在页面中通过拖曳的方式，可以将素材按照拖曳框的大小置入，如图 1-36 所示。

图 1-35

图 1-36

步骤06 使用与置入位图一样的方法置入矢量图，效果如图 1-37 所示。

 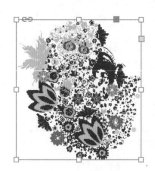

图 1-37

步骤07 对于文字文档，同样使用与置入位图一样的方法进行置入，效果如图 1-38 所示。

图 1-38

实例 8   屏幕模式与显示性能

（实例思路） --

在绘制图形时，为了方便调整文档的整体和局部效果，可以按需随时转换屏幕模式与显示
性能。

（实例要点） --

▶ 打开文档   ▶ 查看不同显示性能的效果

▶ 查看不同的屏幕模式

（操作步骤） --

步骤 01 执行菜单"文件 / 打开"命令，在弹出的"打开文件"对话框中选择"素材 \01\ 汽车杂
志内页 .indd"文件，默认状态下以"正常屏幕模式"来显示，在标准窗口中显示版面及所有
可见网格、参考线、非打印对象，如图 1-39 所示。

图 1-39

步骤 02 执行菜单"视图 / 屏幕模式 / 预览"命令，进入预览模式，此模式完全按照最终输出显
示图片、文字，所有非打印对象（网格、参考线、非打印对象等）都不显示，如图 1-40 所示。

步骤 03 执行菜单"视图 / 屏幕模式 / 出血"命令，进入出血模式，此模式完全按照最终输出显
示图片、文字，所有非打印对象（网格、参考线、非打印对象等）都不显示，而文档出血区内

的所有可打印元素都会显示出来，如图 1-41 所示。

图 1-40　　　　　　　　　　　图 1-41

步骤04 执行菜单"视图 / 屏幕模式 / 辅助信息区"命令，进入辅助信息区模式，此模式完全按照最终输出显示图片、文字，所有非打印对象（网格、参考线、非打印对象等）都不显示，而文档辅助信息区内的所有可打印元素都会显示出来，如图 1-42 所示。

步骤05 执行菜单"视图 / 屏幕模式 / 演示文稿"命令，进入到演示文稿模式，此模式完全按照最终输出显示图片、文字，所有非打印对象（网格、参考线、非打印对象等）都不显示，如图 1-43 所示。

图 1-42　　　　　　　　　　　图 1-43

技巧：在工具箱中直接单击"正常""预览""出血""辅助信息区"和"演示文稿"按钮，可快速改变屏幕模式。

步骤06 显示性能包含"快速显示""典型显示"和"高品质显示"三种。打开的文档默认情况下以"典型显示"来显示文档，在"正常模式"下会显示所有的文档信息以及所有非打印对象（网格、参考线、非打印对象等）。

步骤07 执行菜单"视图 / 屏幕模式 / 快速显示"命令，会进入到快速显示性能，此性能下的图片只显示外框，对于图形、文本以及所有非打印对象（网格、参考线、非打印对象等）都是如此，优点是编辑大文档时速度会非常快，缺点是看不到文档中的图片，如图 1-44 所示。

步骤08 执行菜单"视图 / 屏幕模式 / 高品质显示"命令，会进入到高品质显示性能，此性能下的图片、图形、文本以及所有非打印对象（网格、参考线、非打印对象等）都会显示，优点是此性能下的文档会以高清的模式显示所有信息，查看起来非常方便，缺点是文档过于清晰，操作起来会非常慢，如图 1-45 所示。

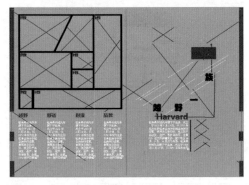

图 1-44

图 1-45

实例 9　标尺、参考线与网格

（实例思路）

利用标尺和网格，能够确切地了解当前查看的视图在图像中所处的位置。参考线的设置和标尺及网格的设置一样，都是为了更好地对齐对象，读者应了解标尺、参考线和网格的使用方法。

（实例要点）

▶▶ "打开"命令的使用　　　　　　　▶ 参考线

▶ 标尺　　　　　　　　　　　　　　▶ 网格

（操作步骤）

标尺

在设计文档页面时，使用标尺可以帮助用户精确设计页面。默认设置下，InDesign 中的标尺不会显示出来。

步骤 01 执行菜单"文件 / 新建"命令，新建一个空白文档。执行菜单"文件 / 置入"命令，置入随书附带的"素材 \01\ 卡通小人 .ai"文件，如图 1-46 所示。

步骤 02 执行菜单"视图 / 显示标尺"命令（快捷键为 Ctrl+R），显示出标尺，效果如图 1-47 所示，默认标尺单位为"毫米"。

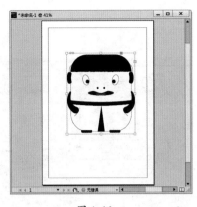

图 1-46   图 1-47

> **技巧**：在绘制图形的过程中，标尺作为辅助工具，用于确定对象的大小和位置。但是在使用标尺之前，应先确定标尺原点的位置。

步骤03 在默认设置下，标尺原点位于 InDesign 视图的左上角。如果需要改变原点，单击并拖动标尺的原点到需要的位置即可，此时会在视图中显示出两条垂直的相交直线，直线的相交点即调整后的标尺原点，如图 1-48 所示。在改变了标尺原点之后，如果想返回到原来的位置，在左上角的原点位置双击即可。

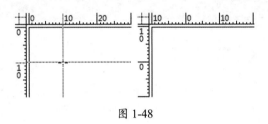

图 1-48

步骤04 在默认情况下，标尺的度量单位是毫米。用户也可以将度量单位更改为自定义标尺单位，并且可以控制标尺上显示刻度线的位置。而这些参数可以在"首选项"对话框中进行设置。如果需要设置标尺的显示单位，执行菜单"编辑 / 首选项 / 单位和增量"命令，弹出"首选项"对话框，在"标尺单位"中设置"水平""垂直"的单位为"厘米"，如图 1-49 所示。

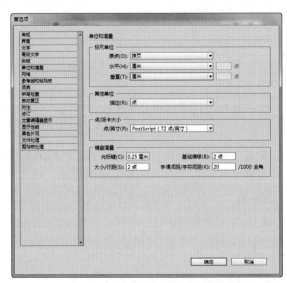

图 1-49

步骤 05 设置完成单击"确定"按钮，效果如图 1-50 所示。

步骤 06 更改当前文件标尺的单位，也可以直接将鼠标指针指向标尺，单击鼠标右键，在弹出的快捷菜单中选择"厘米"，如图 1-51 所示。

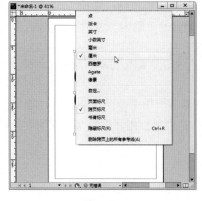

图 1-50   图 1-51

参考线

在 InDesign 中，使用参考线可以更加精确地定位文字和图形对象等。可以在页面或粘贴板上自由定位参考线，并且可以显示或隐藏它们。参考线分为页面参考线和跨页参考线两种：页面参考线仅在创建的页面上显示，跨页参考线可以跨越所有的页面和多页跨页的粘贴板。可以将任何标尺参考线拖动到粘贴板上。

要创建参考线，先要确定标尺和参考线是可见状态。执行下列操作即可创建参考线。

步骤 01 创建页面参考线：将光标移动到水平或垂直标尺内侧，按住鼠标左键不放进行拖动，即可创建页面参考线，将参考线拖动到合适的位置后释放鼠标左键即可，如图 1-52 所示。

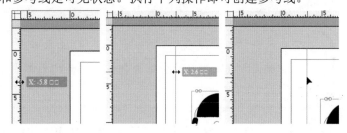

图 1-52

步骤 02 创建跨页参考线：将光标移动到水平或垂直标尺内侧，按住 Ctrl 键和鼠标左键不放进行拖动，即可创建跨页参考线，将参考线拖动到合适的位置后松开 Ctrl 键和鼠标左键即可，如图 1-53 所示。若要在不拖动参考线的情况下创建跨页参考线，将光标移动到水平或垂直标尺的特定位置，双击鼠标左键，即可创建跨页参考线，如图 1-54 所示。而要将参考线与最近的刻度线对齐，按住 Shift 键进行双击即可。

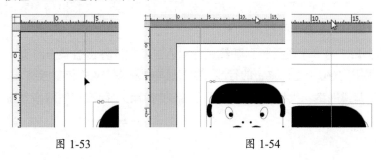

图 1-53   图 1-54

步骤 03 执行菜单"视图 / 网格和参考线 / 锁定参考线"命令（快捷键为 Ctrl+Alt+；），将参考线进行锁定后，无法对其选择和移动操作。

步骤 04 在需要创建一组等间距的页面参考线时，可以执行菜单"版面 / 创建参考线"命令，打开"创建参考线"对话框，如图 1-55 所示。根据需要可以设置行数、栏数以及间距，还可以设置参考线适合的对象为"边距"或"页面"。

技巧："创建参考线"命令只可以创建页面参考线，不能创建跨页参考线。

步骤 05 智能参考线用于辅助作图，执行菜单"视图 / 网格和参考线 / 智能参考线"命令（快捷键为 Ctrl+U），当鼠标指针指向某一对象时，智能参考线会高亮显示并显示提示信息，如图 1-56 所示。

图 1-55

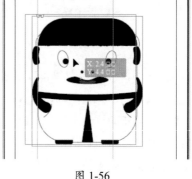

图 1-56

技巧：执行菜单"视图 / 网格和参考线 / 隐藏参考线"命令（快捷键为 Ctrl+；），可将参考线暂时隐藏；如果想把不需要的参考线删除，选择参考线后，按 Delete 键即可。

步骤 06 执行菜单"视图 / 网格和参考线 / 删除跨页上的所有参考线"命令，可以清除文档中跨页上的所有参考线。

步骤 07 如果需要设置参考线的颜色，则可执行菜单"编辑 / 首选项 / 参考线和粘贴板"命令，弹出"首选项"对话框，在其中设置各种类型的参考线颜色，如图 1-57 所示。

网格

InDesign 还提供了 3 种用于参考的网格，分别是基线网格、文档网格和版面网格。用户可以决定在页面中显示或者隐藏网格。

步骤 01 基线网格用于将多个段落根据基线进行对齐。基线网格覆盖整个跨页，但不能为主页指定网格。基线网格类似于笔记本中的行线。执行菜单"视图 / 网格和参考线 / 显示基线网格"命令，即可显示基线网格。执行菜单"视图 / 网格和参考线 / 隐藏基线网格"命令，则隐藏基线网格。

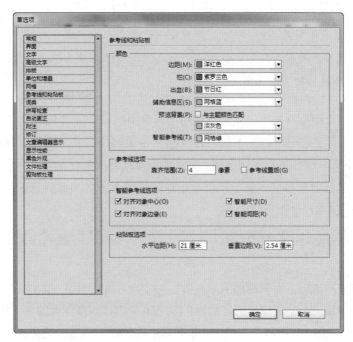

图 1-57

步骤 02 文档网格用于对齐对象。它可以显示在整个跨页中，但不能为主页指定文档网格；还可以设置文档网格相对于参考线、对象或者图层的前后位置。执行菜单"视图 / 网格和参考线 / 显示文档网格"命令，即可显示文档网格，如图 1-58 所示；执行菜单"视图 / 网格和参考线 / 隐藏文档网格"命令，则隐藏文档网格。

> **技巧**：在默认状态下，蓝色为基线网格，灰色为文档网格，可在"首选项"中设置其颜色。文档窗口中的网格都是沿着标尺的尺寸格，以粗细不同的线条形成一个总的网格。这样，利用网格就可以更方便地定位文本框、图形及图像的位置和尺寸。

步骤 03 版面网格用于将对象和正文文本单元格对齐。版面网格显示在最底部的图层中，可以为主页指定版面网格，且一个文档可以包括多个版面网格。执行菜单"视图 / 网格和参考线 / 显示版面网格"命令，即可显示版面网格，如图 1-59 所示；执行菜单"视图 / 网格和参考线 / 隐藏版面网格"命令，则隐藏版面网格。

图 1-58

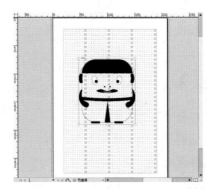

图 1-59

> **技巧**：版面网格具有吸附功能，即可以把对象与正文文本单元格自动对齐。执行菜单"视图 / 网格和参考线 / 靠齐版面网格"命令，即可打开该功能，再次执行该命令就会把版面网格的靠齐功能关闭。

步骤04 除了可以设定版面网格外，还可以使用工具箱中的▦（水平网格工具）或▥（垂直网格工具）来绘制含有字符网格的文本框。选择▦（水平网格工具）或▥（垂直网格工具），当光标变为┼形状时，按住鼠标左键拖动，到合适位置后释放鼠标左键即可绘制出网格。

步骤05 选中绘制的版面网格后，属性栏上会出现网格相关的各项参数设置，根据需要可以再次修改网格的各项参数，如图 1-60 所示。

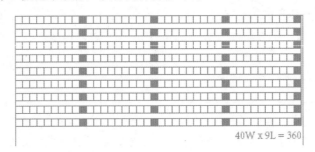

图 1-60

步骤06 创建好版面网格后，在网格的右下角有一行文字"40W×9L=360"，其中 40W 是指每一行的字符数为 40 格，9L 是指每栏的行数为 9 行，360 是指该网格包含的单元格数量，如图 1-61 所示。执行菜单"视图 / 网格和参考线 / 隐藏框架字数统计"命令，或按 Alt+Ctrl+E 快捷键，可以不显示此行提示。要显示该行，执行同样操作即可。

40W x 9L = 360

图 1-61

 实例 10　存储、关闭与导出文件

实例思路 --

　　学习在 InDesign 中保存、关闭和导出文件的操作。

实例要点 --

▶ 打开"存储为"对话框　　　　　　▶ 保存文件

▶ 选择存储路径和文件夹　　　　　　▶ 关闭文件

▶ 输入文件名

操作步骤

存储文件

"存储"或"存储为"命令可以将新建文档或处理完的图像进行存储。

步骤 01 完成之前的操作。

步骤 02 如果是第一次存储,执行菜单"文件 / 存储"命令,即可弹出如图 1-62 所示的"存储为"对话框;如果对编辑过的文档进行新的存储,可以执行"文件 / 存储为"命令,同样可以打开"存储为"对话框,选择保存文件的路径和文件夹,在"文件名"文本框中输入文件名。

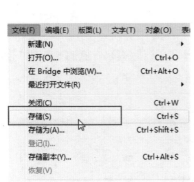

图 1-62

其中的各项含义如下。

- 保存在:用于选择要存放文档的路径。
- 文件名:用于输入要保存的文档的名称。
- 保存类型:用于选择当前文档保存为"InDesign CC 文档"或"InDesign CC 模板"。

> **技巧**:按键盘上的 Ctrl+S 快捷键,也可以弹出"存储为"对话框,快速保存文件。

> **提示**:在"保存类型"中,"Adobe InDesign 文档"格式为 InDesign 的标准格式,方便在下次打开时对所绘制的图形进行修改。

步骤 03 单击"保存"按钮,即可对文件进行存储。保存和另存文件时,若与某个已经存在的文件的文件名和文件位置相同,则保存时会弹出提示框,如图 1-63 所示。选择"是",将覆盖原始文件;选择"否",将重新设置保存。

图 1-63

> 提示：已经保存的文件再进行修改，可选择菜单"文件 / 存储"命令，直接保存文件。此时，不再弹出"存储为"对话框。也可将文件换名保存，即执行菜单"文件 / 存储为"命令，在弹出的"存储为"对话框中，重复前面的操作，在"文件名"文件框中重新更换一个文件名，再进行保存。

> 技巧：通过按键盘上的 Ctrl+Shift+S 组合键，可在"存储为"对话框中"文件名"文本框中用新名保存绘图。

关闭文件

"关闭"命令可以将当前的工作窗口关闭。

步骤01 执行菜单"文件 / 关闭"命令，或单击工作窗口（文档标签）右侧的 × 按钮，如图 1-64 所示。

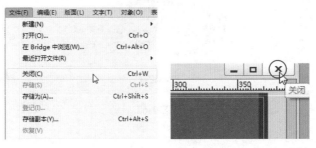

图 1-64

步骤02 此时，如果文件没有任何改动，则文件将直接关闭。如果文件进行了修改，将弹出如图 1-65 所示的对话框。

　　单击"是"按钮，保存文件的修改，并关闭文件；单击"否"按钮，将关闭文件，不保存文件的修改；单击"取消"按钮，取消文件的关闭操作。

图 1-65

> 技巧：按键盘上的 Ctrl+W 快捷键，可以快速对当前工作窗口进行关闭。

导出文件

"导出"命令可以将当前处理的 indd 文档，导出为其他图像格式或文档格式。

步骤01 执行菜单"文件 / 导出"命令，打开"导出"对话框，在"保存类型"下拉列表中选择 PNG 格式，设置文件名称和保存路径，如图 1-66 所示。

步骤02 设置完成单击"保存"按钮，弹出如图 1-67 所示的对话框。

步骤03 单击"导出"按钮，完成文件的导出，如图 1-68 所示。

图 1-66

图 1-67

图 1-68

本章练习与习题

练习

1. 新建空白文档。

2. 置入"素材 \01\ 篮球 .jpg"文件。

习题

1. 在 InDesign 工具箱的最底部可设定五种不同的屏幕显示模式：正常、预览、出血、辅助信息区和演示文稿，请问在英文状态下，按下列（   ）键可在三种模式之间进行切换。

    A. Alt 键　　　　　　B. Ctrl 键　　　　　　C. Shift 键　　　　　　D. W 键

2. 在 InDesign 中新建文档的快捷键是（   ）。

    A. Ctrl+A 键　　　　B. Ctrl+O 键　　　　C. Shift+O 键　　　　D. Ctrl+N 键

3. 在 Adobe InDesign 绘制图形的过程中，标尺作为辅助工具，用于确定对象的大小和位置，显示与隐藏标尺的快捷键是（   ）。

    A. Ctrl+O 键　　　　B. Ctrl+A 键　　　　C. Ctrl+R 键　　　　D. Ctrl+N 键

2

第 2 章

简单文字的应用

文字在版式设计中起着非常重要的主导作用，利用文字的大小对比、字体对比、颜色对比等，可以制作出非常具有吸引力的文本设计内容。

本章主要利用 InDesign 中的文字功能来设计一些比较简单的案例。在作品中将文字利用好，可以非常轻松地做出一些自己喜欢的效果。

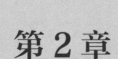

（本章内容）

▶ 通过文字设计名片　　　　　▶ 编辑文字制作环保宣传单

▶ 使用串联文字制作名人简介　▶ 设置复合字体制作水果保健轮播图

▶ 添加下划线制作产品调查卡

实例 11　通过文字设计名片

名片是现代社会中应用的较为广泛的一种交流工具，也是现代交际中不可或缺的展现个性风貌的必备工具。名片的标准尺寸为 90mm×55mm、90mm×50mm 和 90mm×45mm。但是加上上、下、左、右各 3mm 的出血，制作尺寸则必须设定为 96×61mm、96mm×56mm、96mm×51mm。设计名片时，还得确定名片上所要印刷的内容。名片的主体是名片上所提供的信息，主要有姓名、工作单位、电话、手机、职称、地址、网址、E-mail、经营范围、企业的标志、图片、公司的企业语等。

（实例思路）

本名片以禾呈乐设计公司为平台，为公司人员设计一款属于自己风格的名片。本例使用（矩形工具）为新建的文档进行色块的绘制，通过 T （文字工具）输入文字后，设置文字的字体和大小，具体制作流程如图 2-1 所示。

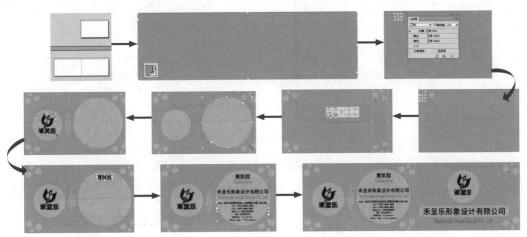

图 2-1

版面布局

本例名片是以简洁作为设计理念的，所以在布局上用大量的留白来体现这种简洁，将文字和背景的对比设置得足够大，以此体现标志、人名、地址等内容，如图 2-2 所示。

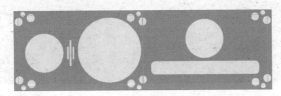

图 2-2

（实例要点）

▶ 新建文档　　　　　　　　　　　▶ 使用矩形工具绘制矩形

- ▶ 使用椭圆工具绘制正圆
- ▶ 调整不透明度
- ▶ 置入素材

- ▶ 输入文字
- ▶ 通过"字符"面板设置文字
- ▶ 通过"段落"面板设置文字

操作步骤

步骤01 启动 Indesign CC 软件,新建空白文档,设置"页数"为3,勾选"对页"复选框,设置"宽度"为"90毫米"、"高度"为"54毫米",设置"出血"为"3毫米"。单击"边距和分栏"按钮,在弹出的"新建边距和分栏"对话框中,设置"边距"为"0毫米",如图 2-3 所示。

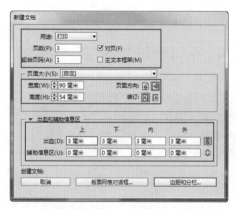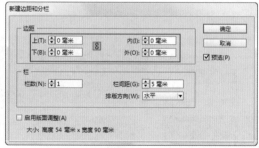

图 2-3

步骤02 设置完成单击"确定"按钮,新建文档如图 2-4 所示。

步骤03 在"页面"面板中,选择"2-3页",目的是在这两个页面中制作名片的正面和背面。使用 ▣(矩形工具)在"2-3页"上根据出血框绘制一个矩形,再将其填充为"C:0,M:58,Y:91,K:0"颜色,如图 2-5 所示。

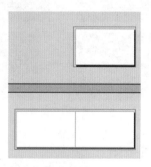

图 2-4

图 2-5

步骤 04 使用 （椭圆工具）绘制一个正圆，将其填充为黄色，如图 2-6 所示。

步骤 05 执行菜单"窗口 / 效果"命令或按 Ctrl+Shift+F10 快捷键，打开"效果"面板，在其中设置"不透明度"为 24%，效果如图 2-7 所示。

图 2-6

图 2-7

步骤 06 按 Ctrl+C 快捷键复制图形，再按 Ctrl+V 快捷键粘贴，得到一个副本，使用 （选择工具）拖动控制点将其缩小，效果如图 2-8 所示。

技巧：在 InDesign 中选择对象后，将其移动的同时按住 Alt 键，松开 Alt 键和鼠标后，系统会复制一个副本。

步骤 07 再复制一个副本并调整位置，如图 2-9 所示。

图 2-8

图 2-9

步骤 08 使用 （选择工具）选择 3 个黄色正圆，复制一个副本，将其移动到底部，单击属性栏中的 （垂直翻转）按钮，如图 2-10 所示。

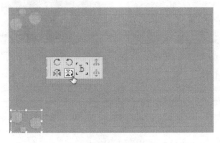

图 2-10

步骤 09 使用 （选择工具）选择 6 个黄色正圆复制一个副本，将其移动到第 2 页的右侧，单击属性栏中的 （水平翻转）按钮，如图 2-11 所示。

步骤⑩ 使用 ▣（选择工具）选择其中的一个黄色正圆，复制两个副本。调整控制点，分别将两个副本调大，如图 2-12 所示。

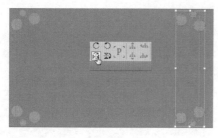
图 2-11

图 2-12

步骤⑪ 使用 ▣（矩形工具）在两个大圆之间绘制 3 个黄色矩形，将"不透明度"设置为 24%，效果如图 2-13 所示。

步骤⑫ 执行菜单"文件 / 置入"命令，置入随书附带的"素材 \02\logo.png"素材，调整素材的大小和位置，效果如图 2-14 所示。

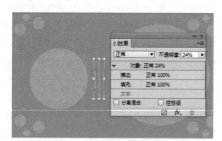

图 2-13

图 2-14

技巧： 使用 ▣（选择工具）调整置入素材的控制点，会只调整素材的框架，如图 2-15 所示；调整时按住 Ctrl+Shift 键，会将框架和素材一同调整，如图 2-16 所示。

图 2-15

图 2-16

技巧： 当调整后的框架大于图像时，只需执行菜单"对象 / 适合 / 使框架适合内容"命令，就可以将框架大小正好贴齐到内容上。

步骤⑬ 使用 ▣（文字工具）在页面中拖曳后输入文字，执行菜单"文字 / 字符"命令，打开"字符"面板，设置字体为"黑体"、字体大小为"12 点"，效果如图 2-17 所示。

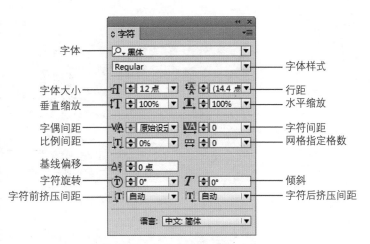

图 2-17

其中的各项含义如下。

● 字体：设置不同的文字字体。

● 字体样式：用来设置选择字体的样式。

● 字体大小：设置字号的大小。

● 行距：调整两行文字之间的距离。

● 垂直缩放：将文字上下拉伸。

● 水平缩放：将文字左右拉伸。

● 字偶间距：根据相邻字符的形状调整它们之间的间距，最适合用于罗马字中。

● 字符间距：调整两个字符之间的距离。

● 比例间距：按指定的百分比值减少字符周围的空间。数值越大，字符间压缩越紧密。

● 网格指定格数：用来设置字符所占用的网格数。

● 基线偏移：使选中的字符相对于基线进行提升或下降。

● 字符旋转：为选择的字符设置旋转。

● 倾斜：为选择的字符设置倾斜。

● 字符前挤压间距：设置选择字符与前面字符的间距。

● 字符后挤压间距：设置选择字符与后面字符的间距。

> 提示：字偶间距和字符间距调整的值会影响中文文本，但一般来说，这些选项用于调整罗马字之间的间距。

步骤14 复制文字，为副本改变内容，设置字体为 Agency FB、字体大小为 11 点，再设置"不透明度"为 71%，效果如图 2-18 所示。

步骤15 复制文字，为副本改变内容，设置字体为"黑体"、字体大小为 11.2 点，效果如图 2-19 所示。

步骤16 复制文字，为副本改变内容，设置字体为 Agency FB、字体大小为 11.646 点，再设置"不透明度"为 71%，效果如图 2-20 所示。

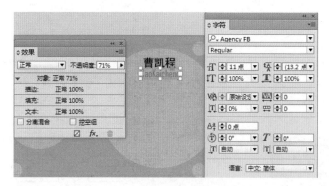

图 2-18

图 2-19

图 2-20

步骤⑰ 复制文字，为副本改变内容，设置字体为"黑体"、字体大小为 5.387 点，效果如图 2-21 所示。

图 2-21

> **技巧**：输入的文字，如果想填充不同的颜色，使用 **T** (文字工具) 选择其中的几个文字后，在"颜色"面板中就可以将其设置成其他的颜色。

步骤⑱ 执行菜单"文字 / 段落"命令，打开"段落"面板，单击"居中对齐"按钮，效果如图 2-22 所示。

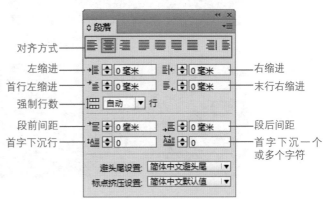

图 2-22

其中的各项含义如下。

● 对齐方式：对齐方式是指文字采用何种方式在文本框中靠齐。"段落"面板的对齐按钮可用于设置段落中各行文字的对齐情况，其中包括左对齐、居中对齐、右对齐、双齐末行齐左、双齐末行居中、双齐末行齐右、全部强制双齐、朝向书脊对齐和背向书脊对齐等对齐方式。所有对齐方式的操作对象可以是一段文字，也可以是多段文字。

● 左缩进：段落整体向右移动，使左边留下空白位置。

● 右缩进：段落整体向左移动，使右边留下空白位置。

● 首行左缩进：使段落的第一行向右移动。

● 末行右缩进：使段落的最后一行向左移动。

● 强制行数：设置行之间的强制距离。

● 段前间距：在段落前添加间距，使其与上一段保持一定的距离。

● 段后间距：在段落后添加间距，使其与下一段保持一定的距离。

● 首字下沉行：设置段首文字下沉的行数。

● 首字下沉一个或多个字符：设置段首文字下沉的字数。

● 避头尾设置：避头尾是指不能出现在行首或行尾的字符。

● 标点挤压设置：在中文排版中，通过标点挤压控制汉字、罗马字、数字、标点等在行首、行中和行末的距离。

步骤⑲ 复制"2-3 页"中间的 6 个正圆，将副本拖曳到最右侧，效果如图 2-23 所示。

步骤⑳ 复制标志和后面的正圆，将副本拖曳到最右侧，效果如图 2-24 所示。

步骤㉑ 复制一个正圆，执行菜单"窗口 / 对象和面板 / 路径查找器"命令，打开"路径查找器"面板，单击▢（转换成圆角矩形）按钮，将正圆转换成圆角矩形，再调整圆角矩形的大小，效果如图 2-25 所示。

图 2-23

图 2-24

图 2-25

步骤22 复制一个文字，改变文字内容，再设置文字字体和大小，效果如图 2-26 所示。

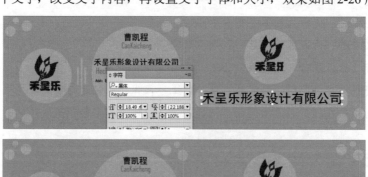

图 2-26

步骤23 至此名片的正面和背面制作完成，效果如图 2-27 所示。

图 2-27

实例 12　使用串联文字制作名人简介

实例思路

本例以一个页面作为制作平台，将整个矩形以"空心菱形"线条分隔成两个区域，左侧以图像和文字作为内容，右侧以文字和图形作为内容，文字通过串接的方法放置到不同的几个矩形内。对于图形部分，通过"路径查找器"面板进行"排除重叠"和"减去"编辑，具体制作流程如图 2-28 所示。

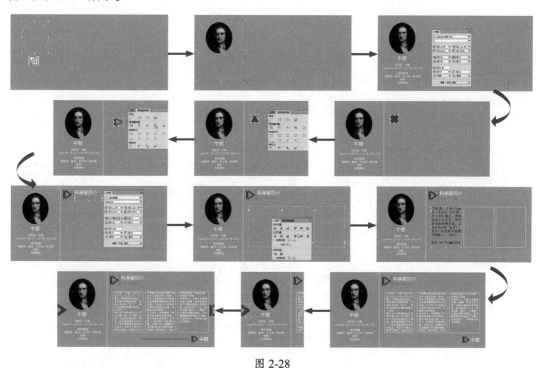

图 2-28

版面布局

本例是以简洁作为设计理念的，所以在布局上整体分成两个部分，再对局部区域进行细致的划分，使整体看起来比较统一和一致，如图 2-29 所示。

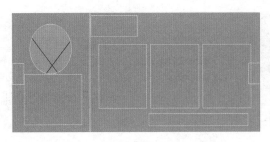

图 2-29

实例要点

▶▶ 新建文档　　　　　　　　　　　　▶▶ 输入文字

▶▶ 使用矩形工具绘制矩形　　　　　　▶▶ 通过"字符"面板设置文字

▶▶ 使用椭圆工具绘制椭圆　　　　　　▶▶ 通过"段落"面板设置文字

▶▶ 置入素材并调整图像大小和位置　　▶▶ 为置入的文字创建串接效果

操作步骤

步骤01 启动 Indesign CC 软件，新建空白文档，设置"页数"为 1、"宽度"为"210 毫米"、"高度"为"95 毫米"，设置"出血"为"3 毫米"，单击"边距和分栏"按钮，在弹出的"新建边距和分栏"对话框中，设置"边距"为"0 毫米"，如图 2-30 所示。

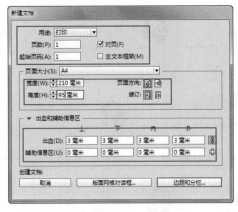 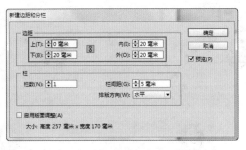

图 2-30

步骤02 设置完成单击"确定"按钮，新建文档如图 2-31 所示。

步骤03 使用 ▣（矩形工具）在页面上根据出血框绘制一个矩形，再将其填充为"C:100，M:0，Y:0，K:0"颜色，如图 2-32 所示。

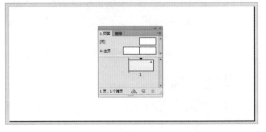

图 2-31

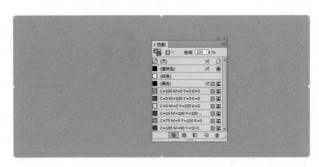

图 2-32

步骤 04 使用 ◎（椭圆工具）绘制一个椭圆,将其填充为"无",描边颜色设置为白色,效果如图 2-33 所示。

步骤 05 确定绘制的椭圆处于被选取状态,执行菜单"文件 / 置入"命令,置入随书附带的"素材 \02\ 牛顿 .jpg"素材,此时被置入的图片会自动置于到椭圆内部,效果如图 2-34 所示。

图 2-33

图 2-34

步骤 06 使用 ▶（直接选择工具）在置入素材的椭圆上单击,进入图像调整状态,拖动控制点将素材缩小并移动位置,使其能够正确地在显示椭圆中,效果如图 2-35 所示。

> 技巧：在 InDesign 中使用 ▶（直接选择工具）直接在置入的素材上单击,即可进入到图像的编辑状态,此时调整图像框架不会跟随变换;使用 ▶（选择工具）编辑置入的图像时,只要在图像上双击,即可进入到图像的单独编辑状态,此时调整图像不会影响到框架。

步骤 07 使用 T（文字工具）在头像素材的下面输入文字,在"字符"面板中设置字体为"微软雅黑"、字体大小为 18 点,将文字填充为"白色",效果如图 2-36 所示。

图 2-35

图 2-36

步骤08 复制文字，为副本改变文字内容，设置字体为"Adobe 宋体 std"、字体大小为 10 点，效果如图 2-37 所示。

步骤09 使用 ✏（直线工具）绘制一条白色直线，在属性栏中设置描边宽度为 5 点、描边样式为"空心菱形"，效果如图 2-38 所示。

图 2-37

图 2-38

步骤10 使用 ▣（矩形工具）绘制红色的矩形，如图 2-39 所示。

步骤11 在"路径查找器"面板中单击 △（转换为三角形）按钮，将矩形变为三角形，如图 2-40 所示。

步骤12 在属性栏中设置旋转角度为 -90°，效果如图 2-41 所示。

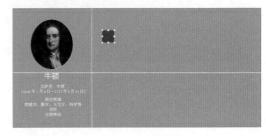

图 2-39

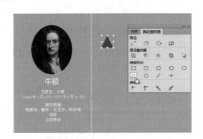

图 2-40

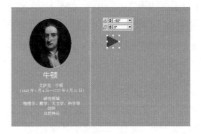

图 2-41

步骤13 复制三角形，得到一个副本。将两个三角形一同选取，单击"路径查找器"面板中的 ▣（排除重叠）按钮，效果如图 2-42 所示。

图 2-42

步骤⑭ 将编辑后的图形向上移动。使用 ✐（直线工具）绘制一条黑色直线，再使用 🅣（文字工具）输入白色文字，设置字体为"微软雅黑"、字体大小为 18 点，效果如图 2-43 所示。

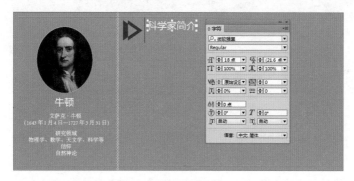

图 2-43

步骤⑮ 再使用 🅣（文字工具）输入灰色英文，设置字体为"微软雅黑"、字体大小为 12 点，效果如图 2-44 所示。

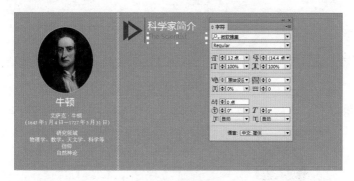

图 2-44

步骤⑯ 为了方便将文字放置到 3 个相同大小的矩形框内，我们使用 ▢（矩形工具）绘制一个白色矩形框，复制两个副本，移动位置后，在"对齐"面板中单击"顶对齐"和"左分布"按钮，效果如图 2-45 所示。

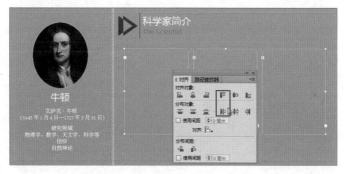

图 2-45

步骤⑰ 执行菜单"文件 / 置入"命令，置入随书附带的"素材 \02\ 牛顿文本 .txt"素材，将鼠标指针放置到第 1 个矩形框内单击，将文本放置到内部，效果如图 2-46 所示。

图 2-46

步骤⑱ 在文本框的文字溢出按钮上单击，此时溢出的文字会出现在鼠标指针上，将指针在第 2 个矩形框内单击，将文字放置到内部，效果如图 2-47 所示。

图 2-47

步骤⑲ 使用同样的方法，将溢出的文字放置到第 3 个矩形框内，效果如图 2-48 所示。

图 2-48

步骤⑳ 使用 T.（文字工具）选择文字，设置文字字体为"Adobe 宋体 Std"、文字大小为 9 点、文字颜色为白色，效果如图 2-49 所示。

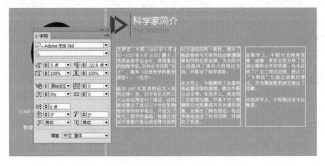

图 2-49

步骤㉑ 在"段落"面板中，设置左缩进为 2 毫米、右缩进为 2 毫米，效果如图 2-50 所示。

步骤㉒ 复制文字和编辑后的三角形，得到副本后将其移动到右下角，效果如图 2-51 所示。

图 2-50 图 2-51

步骤㉓ 使用 ∕（直线工具）绘制一条红色直线，在属性栏中设置描边宽度为 5 点、描边样式为"右斜线"，效果如图 2-52 所示。

步骤㉔ 复制编辑后的三角形，将其调大后，使用 ▢（矩形工具）绘制一个矩形。将矩形和三角形一同选取，单击"路径查找器"面板中的 ▣（减去）按钮，效果如图 2-53 所示。

图 2-52 图 2-53

步骤㉕ 使用同样的方法制作右侧的减去效果，至此本例制作完成，效果如图 2-54 所示。

图 2-54

实例 13　添加下划线制作产品调查卡

实例思路

本例是以简洁作为设计理念的，所以在页面中的图像部分应用了一个调整透明度的白色矩形，这样会让背景淡化。使用 ▢（矩形工具）和 ⬯（椭圆工具）绘制图形，并通过 ▸（直接选择工具）调整形状，再对其进行复制，使用 T（文字工具）输入文字，设置下划线，具体制作流程如图 2-55 所示。

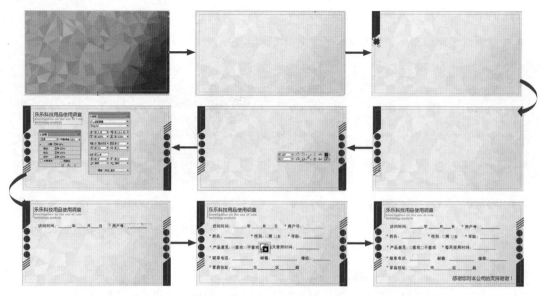

图 2-55

版面布局

本例是以简洁作为设计理念的，布局上整体分成 5 个部分，中间的区域是文字的内容信息区域，其他部分为修饰区，如图 2-56 所示。

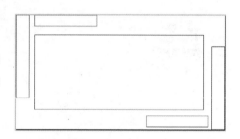

图 2-56

实例要点

▶▶ 新建文档 ▶▶ 调整图形并进行复制

▶▶ 置入素材 ▶▶ 输入文字

▶▶ 使用矩形工具绘制矩形 ▶▶ 通过"字符"面板设置文字

▶▶ 使用椭圆工具绘制椭圆 ▶▶ 为文字添加下划线

操作步骤

步骤01 启动 Indesign CC 软件，新建空白文档，设置"页数"为 1、"宽度"为 150 毫米、"高度"为 80 毫米，设置"出血"为 3 毫米。单击"边距和分栏"按钮，在弹出的"新建边距和分栏"对话框中，设置"边距"为 0 毫米，设置完成单击"确定"按钮，如图 2-57 所示。

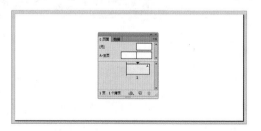

图 2-57

步骤 02 执行菜单"文件 / 置入"命令，置入随书附带的"素材 \02\ 渐变背景图 .jpg"素材，如图 2-58 所示。

步骤 03 使用 (选择工具)选择置入的素材后，向上拖动底部的框架控制点，将其与出血线对齐，效果如图 2-59 所示。

图 2-58   图 2-59

步骤 04 使用 (矩形工具)绘制一个与出血线对齐的白色矩形，在"效果"面板中设置"不透明度"为 77%，效果如图 2-60 所示。

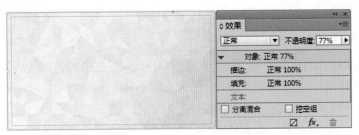

图 2-60

步骤 05 使用 (矩形工具) 在左上角处绘制一个红色的矩形，使用 (直接选择工具) 单击右下角的控制点后，将其向上移动，效果如图 2-61 所示。

步骤 06 使用 (椭圆工具)绘制一个红色正圆，效果如图 2-62 所示。

步骤 07 使用 (选择工具) 选择红色正圆后，按住 Alt 键向下拖曳，复制一个副本。执行菜单 "对象 / 再次变换 / 再次变换序列"命令两次，再复制两个副本，效果如图 2-63 所示。

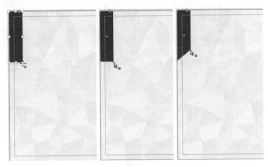

图 2-61

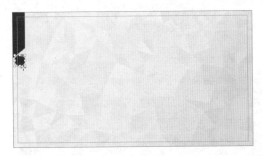

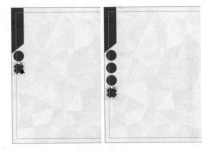

图 2-62   图 2-63

技巧：为复制后的对象再次应用复制，可以按 Ctrl+Alt+4 快捷键进行快速的再制复制。

步骤08 使用（矩形工具）在正圆下面绘制一个红色矩形，使用（直接选择工具）选择右侧的两个控制点后，将其向上移动，并调整成平行四边形，效果如图 2-64 所示。

技巧：绘制矩形后，使用（切变工具）同样可以将矩形调整成平行四边形。

步骤09 使用与复制正圆一样的方法，复制 3 个平行四边形，效果如图 2-65 所示。

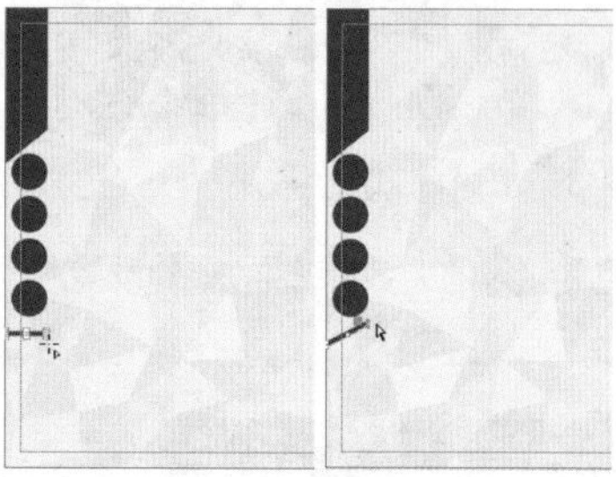

图 2-64

图 2-65

步骤10 选择除背景以外的所有对象，复制一个副本。单击属性栏中的（垂直翻转）按钮和（水平翻转）按钮，再将副本移动到右下角处，效果如图 2-66 所示。

步骤11 使用（矩形工具）在左上角绘制一个红色矩形，再使用（文字工具）输入红色文字，在“字符”面板中设置字体为“微软雅黑”、字体大小为 14 点，效果如图 2-67 所示。

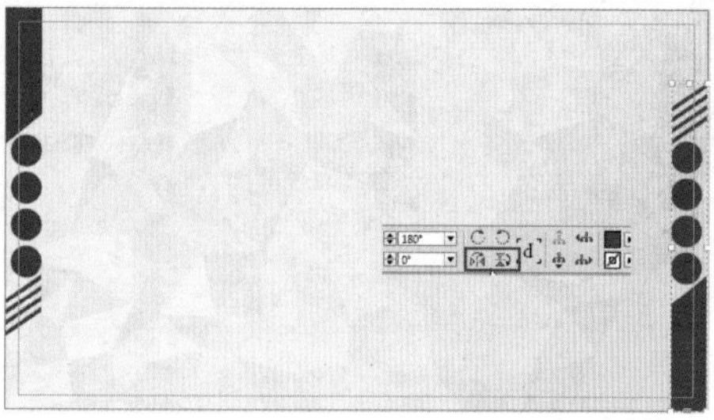

图 2-66

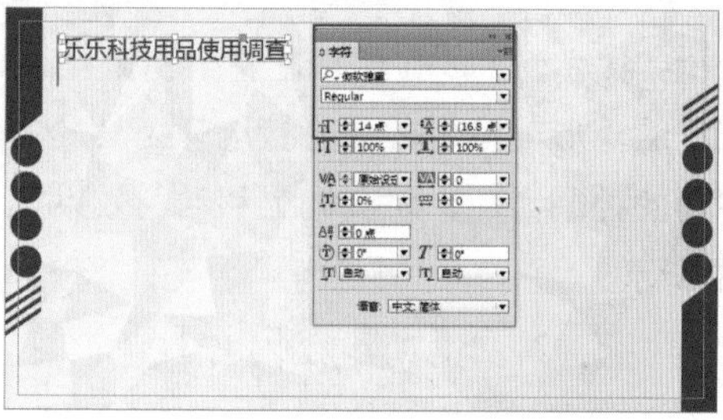

图 2-67

步骤12 复制文字向下移动，将文字内容改成英文，设置字体为“微软雅黑”、字体大小为 8 点，在“效果”面板中设置“不透明度”为 68%，效果如图 2-68 所示。

步骤13 使用（文字工具）输入黑色文字，文字之间通过空格键添加空格区域，在“字符”面板中，设置字体为“方正细黑一简体”、字体大小为 12 点，效果如图 2-69 所示。

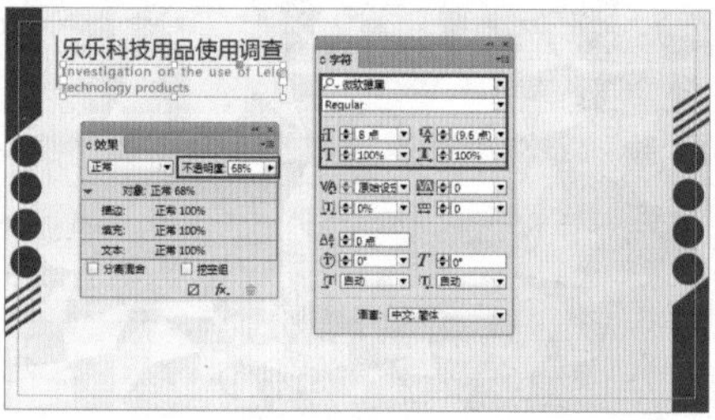

图 2-68

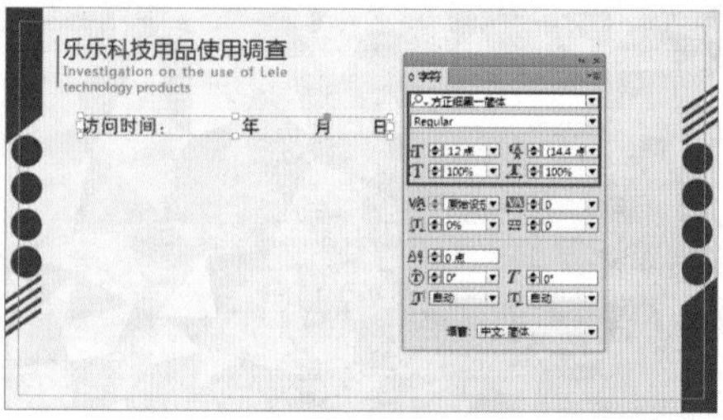

图 2-69

步骤⑭ 使用 T.（文字工具）将空格区
域选取，在"字符"面板中单击弹出
菜单按钮,在弹出菜单中选择"下划线"
命令，为空格区域添加下划线，效果
如图 2-70 所示。

图 2-70

技巧：添加的下划线，可以在"字符"弹出
菜单中选择"下划线选项"命令，在
"下划线选项"对话框中进行细致的
设置，如图 2-71 所示。

图 2-71

其中的各项含义如下。

● 启用下划线：勾选此复选框，可以在文字中启用下划线。

● 粗细：用来设置下划线的宽度。

● 位移：用来设置下划线与文字之间的距离。

● 类型：用来设置下划线的类型样式。

● 颜色：设置下划线的颜色。

● 色调：调整下划线的不透明度。

● 间隙颜色：针对多行下划线、虚线下划线中的空白区域，来设置空白区域的填充颜色。

● 间隙色调：用来设置间隙颜色的透明度。

步骤⑮ 为另外的两个空格区域添加下划线，再使用 T.（文字工具）输入文字和添加下划线，
效果如图 2-72 所示。

步骤⑯ 使用 T.（文字工具）选择输入的 * 符号，将其填充为红色，效果如图 2-73 所示。

图 2-72

图 2-73

步骤⑰ 使用同样的方法，再输入其他文字，效果如图 2-74 所示。

步骤⑱ 使用 ▣（矩形工具）在选项前绘制黑色矩形框，效果如图 2-75 所示。

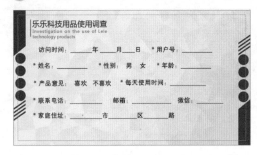

图 2-74

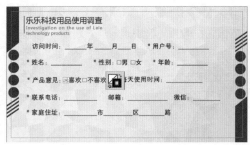

图 2-75

步骤⑲ 使用 T（文字工具）输入红色文字，在"字符"面板中设置字体为"微软雅黑"、字体大小为 14 点，至此本例制作完成，效果如图 2-76 所示。

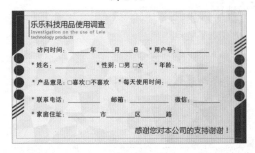

图 2-76

 实例 14　编辑文字制作环保宣传单

（实例思路） ---

本例是以简洁的色块作为整体素材的分布区域，使用 ▣（矩形工具）、✐（钢笔工具）和 ◯（椭圆工具）绘制图形并设置混合模式，通过"贴入内部"命令进行局部裁剪，再使用 T（文字工具）输入文字并设置文字字体和字体大小，在矩形内单击并输入文字，调整文字的矩形框，显示局部文字，具体制作流程如图 2-77 所示。

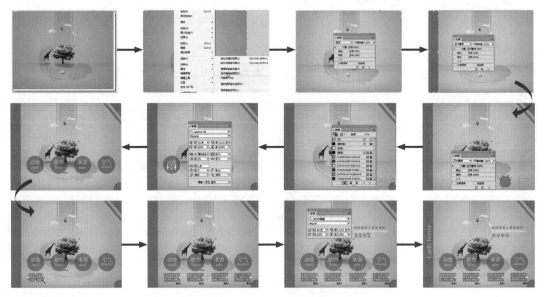

图 2-77

版面布局

本例是以简洁的色块作为整体的布局，在不同的色块区域添加文字，以来展现整个版面，让浏览者一下就能看清内容和配色布局，如图 2-78 所示。

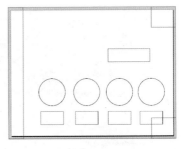

图 2-78

实例要点

▶ 新建文档

▶ 置入素材

▶ 在"效果"面板中设置混合模式

▶ 调整图形并进行复制

▶ 输入文字以及在图形内输入文字

▶ 使用矩形工具绘制矩形

▶ 使用椭圆工具绘制正圆

▶ 通过"字符"面板设置文字

▶ 设置不透明度

操作步骤

步骤01 启动 Indesign CC 软件，新建空白文档，设置"页数"为 1、"宽度"为 180 毫米、"高度"为 135 毫米，设置"出血"为 3 毫米。单击"边距和分栏"按钮，在弹出的"新建边距和分栏"对话框中，设置"边距"为 0 毫米，设置完成单击"确定"按钮，如图 2-79 所示。

步骤02 执行菜单"文件 / 置入"命令，置入随书附带的"素材 \02\ 幼苗 .png"素材，使用 （选择工具）将置入的素材移动到出血线的左上角处，如图 2-80 所示。

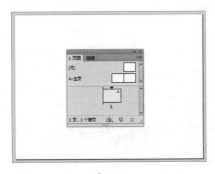

图 2-79

图 2-80

步骤03 使用 （选择工具）选择素材右下角的框架控制点，将其拖曳成与出血线大小一致，效果如图 2-81 所示。

步骤04 使用 （选择工具）在素材上右击，在弹出的菜单中执行"适合 / 使内容适合框架"命令，效果如图 2-82 所示。

步骤05 使用 （矩形工具）在左上角处绘制一个黑色的矩形，将矩形调整成与出血线大小一致，在"效果"面板中设置混合模式为"色相"，效果如图 2-83 所示。

图 2-81

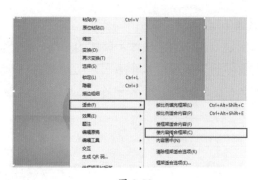

图 2-82

图 2-83

步骤 06 使用 □（矩形工具）绘制一个绿色矩形，在"效果"面板中设置混合模式为"正片叠底"，效果如图 2-84 所示。

步骤 07 使用 ☑（钢笔工具）在右上角处绘制一个封闭的三角形，为其填充绿色，在"效果"面板中设置混合模式为"正片叠底"，效果如图 2-85 所示。

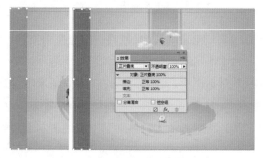

图 2-84

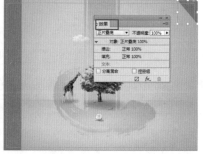

图 2-85

步骤 08 使用 ☑（钢笔工具）在右上角三角形边上绘制一个封闭图形，为其填充绿色，在"效果"面板中设置混合模式为"正片叠底"，效果如图 2-86 所示。

步骤 09 使用 □（矩形工具）在右下角绘制一个矩形框，再使用 ○（椭圆工具）绘制一个正圆，为其填充绿色，在"效果"面板中设置混合模式为"正片叠底"，效果如图 2-87 所示。

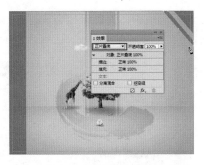

| 图 2-86 | 图 2-87 |

步骤⑩ 使用 ▶ (选择工具)选择绘制的正圆,按 Ctrl+X 快捷键将其进行剪切。选择绘制的矩形框,执行菜单"编辑 / 贴入内部"命令,将正圆贴入到矩形框内。使用 ▶ (直接选择工具)移动正圆在矩形框内的位置,效果如图 2-88 所示。

技巧:应用"贴入内部"命令后,会将外框内的图形只在外框内显示,超出的范围会被隐藏。

步骤⑪ 使用 ▶ (选择工具)选择绘制的矩形框,设置描边的颜色为"无",效果如图 2-89 所示。

| 图 2-88 | 图 2-89 |

步骤⑫ 使用 ◯ (椭圆工具)绘制一个正圆,为其填充绿色,在"效果"面板中设置混合模式为"正片叠底"。再绘制一个正圆的白色外框,效果如图 2-90 所示。

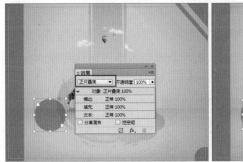

图 2-90

步骤⑬ 使用 T (文字工具)在正圆上输入白色文字,在"字符"面板中,设置字体为"汉仪中黑简"、字体大小为 24 点,在"效果"面板中设置"不透明度"为 75%,效果如图 2-91 所示。

步骤⑭ 复制文字，将文字内容改成英文，在"字符"面板中，设置字体为 Agency FB、字体大小为 18 点，效果如图 2-92 所示。

图 2-91

图 2-92

步骤⑮ 将文字和后面的正圆一同选取，按 Ctrl+G 快捷键将其编组。复制 3 个副本，再将编组的对象全部选取，在"对齐"面板中单击"按左分布"按钮，效果如图 2-93 所示。

步骤⑯ 使用 T.（文字工具）对副本中的文字进行更改，效果如图 2-94 所示。

步骤⑰ 使用 □（矩形工具）绘制一个绿色矩形，

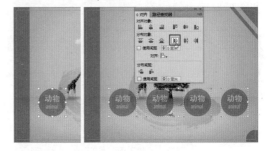

图 2-93

在"效果"面板中设置混合模式为"正片叠底"。再绘制一个矩形的白色外框，效果如图 2-95 所示。

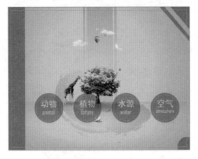

图 2-94

图 2-95

步骤⑱ 使用 T.（文字工具）在白色矩形框上单击，此时矩形框内出现可输入文字的符号，可以直接输入文字或对文字进行粘贴，效果如图 2-96 所示。

图 2-96

步骤⑲ 将文字颜色改成白色，在"字符"面板中，设置字体为"Adobe 宋体 Std"、字体大小为 9 点，使用 （选择工具）将矩形框缩小，效果如图 2-97 所示。

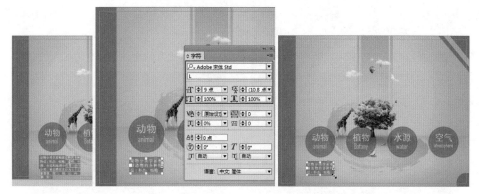

图 2-97

步骤⑳ 使用 T（文字工具）在矩形下面输入黑色文字，设置字体为"Adobe 宋体 Std"、字体大小为 10 点，效果如图 2-98 所示。

步骤㉑ 使用同样的方法制作另外 3 个矩形及内部文字，效果如图 2-99 所示。

图 2-98   图 2-99

步骤㉒ 使用 T（文字工具）在文档的中间靠右位置输入绿色文字，在"字符"面板中，设置字体为"汉仪中黑简"、字体大小为 14 点，效果如图 2-100 所示。

步骤㉓ 复制文字，将文字改成英文，将颜色设置成白色，在"字符"面板中，设置字体为 Agency FB、字体大小为 14 点，效果如图 2-101 所示。

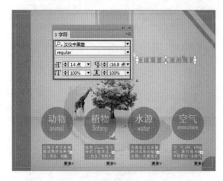 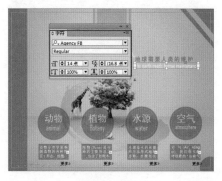

图 2-100   图 2-101

步骤 24 复制文字,将文字改成中文,将颜色设置成绿色,在"字符"面板中,设置字体为 Agency FB、字体大小为 18 点,效果如图 2-102 所示。

步骤 25 使用 T（文字工具）输入文字,将颜色设置成白色,在"字符"面板中,设置字体为 Arial、字体大小为 30 点,效果如图 2-103 所示。

图 2-102

图 2-103

> 技巧: 如果文字的间距不理想,用户也可以通过键盘的方式来微调字符之间的距离。字距微调的单位是字长的 1% ~ 100%。用户可以在选择文字的情况下,按 Alt+← 快捷键,按一次则使光标右侧的字符向左移动 20%,按两次则向左移动 40%,依此类推;用户若按 Alt+→ 快捷键,按一次则使光标右侧的字符向右移动 20%,按两次则为 40%,依此类推。

步骤 26 在属性栏中设置旋转为 90°,再将文字移动到左侧,效果如图 2-104 所示。

步骤 27 在"效果"面板中设置"不透明度"为 60%,效果如图 2-105 所示。

图 2-104

图 2-105

步骤 28 至此本例制作完成,效果如图 2-106 所示。

图 2-106

实例 15　设置复合字体制作水果保健轮播图

实例思路

　　复合字体在长文编辑中会经常使用。在文本中，中文和英文通常会同时存在，如果选择中文字体，英文则不能使用中文字体，反之英文字体对于中文也是不能使用的。这时就需要对多个文字进行相应的设置，使编辑更加轻松。本例通过▣（矩形工具）、▣（渐变工具）来制作文档的背景，使用 **T**（文字工具）输入文字或置入文本后，在"字符"面板中设置文字格式，创建复合字体，同时编辑文档中的中文和英文，具体制作流程如图 2-107 所示。

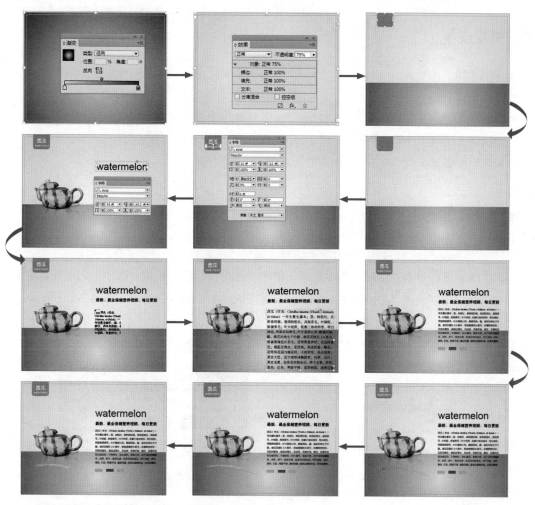

图 2-107

版面布局

　　本例以绘制的图形和置入的素材作为背景部分，通过输入的文字和绘制的图形对整体部分进行区域划分，让浏览者能够立刻看出文档的主次，如图 2-108 所示。

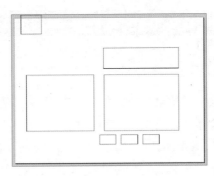

图 2-108

（实例要点）

▶ 新建文档　　　　　　　　　　▶ 输入文字

▶ 置入素材　　　　　　　　　　▶ 通过"字符"面板设置文字

▶ 使用矩形工具绘制矩形　　　　▶ 创建复合字体

▶ 使用渐变工具填充渐变色　　　▶ 输入路径文字

▶ 设置矩形的圆角值

（操作步骤）

步骤01 启动 Indesign CC 软件，新建空白文档，设置"页数"为 1、"宽度"为 180 毫米、"高度"为 135 毫米，设置"出血"为 3 毫米。单击"边距和分栏"按钮，在弹出的"新建边距和分栏"对话框中，设置"边距"为 0 毫米，设置完成单击"确定"按钮，如图 2-109 所示。

步骤02 使用 ▢（矩形工具）绘制一个与出血线大小一致的矩形，单击工具箱中的 ▢（渐变工具），打开"渐变"面板，为绘制的矩形填充"径向"渐变，效果如图 2-110 所示。

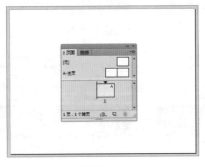

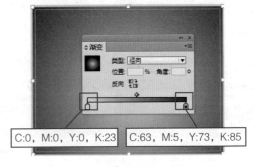

C:0, M:0, Y:0, K:23　　　C:63, M:5, Y:73, K:85

图 2-109　　　　　　　　　　　　　　图 2-110

步骤03 使用 ▢（矩形工具）绘制一个与背景大小一致的白色矩形，设置"不透明度"为 75%，效果如图 2-111 所示。

步骤04 按 Ctrl+Shift+Alt+[快捷键选择最后面的对象，按 Ctrl+C 快捷键复制对象，再按 Ctrl+V 快捷键粘贴一个副本，使用 ▨（选择工具）调整顶部的控制点将其变矮，效果如图 2-112 所示。

图 2-111

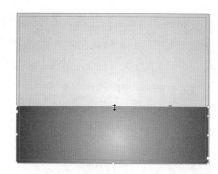

图 2-112

步骤05 使用 （矩形工具）在左上角绘制一个绿
色的矩形，效果如图 2-113 所示。

步骤06 执行菜单"对象 / 角选项"命令，打开"角
选项"对话框，设置底部的两个角为"圆角"，
设置圆角值为 3 毫米，设置完成单击"确定"按钮，
效果如图 2-114 所示。

图 2-113

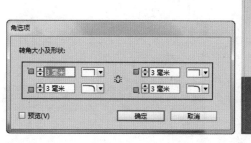

图 2-114

步骤07 执行菜单"对象 / 效果 / 投影"命令，打开"效果"对话框，其中的参数值设置如图 2-115
所示。

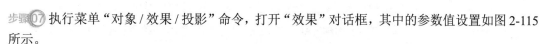

图 2-115

步骤 08 设置完成单击"确定"按钮，效果如图 2-116 所示。

步骤 09 使用 T（文字工具）输入文字，将文字填充为白色，在"字符"面板中，设置字体为"文鼎 CS 大黑"、字体大小为 18 点，效果如图 2-117 所示。

图 2-116   图 2-117

步骤 10 复制文字，改变文字内容为英文，在"字符"面板中，设置字体为 Arial、字体大小为 10 点，效果如图 2-118 所示。

步骤 11 执行菜单"文件 / 置入"命令，置入随书附带的"素材 \02\ 西瓜壶 .png"素材，使用 （选择工具）调整素材的大小和位置，效果如图 2-119 所示。

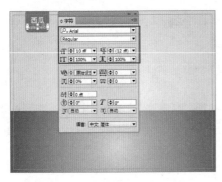

图 2-118   图 2-119

步骤 12 使用 T（文字工具）输入文字，将文字填充为黑色，在"字符"面板中，设置字体为 Arial、字体大小为 36 点，如图 2-120 所示。

步骤 13 使用 T（文字工具）输入文字，将文字填充为黑色，在"字符"面板中，设置"字体"为"文鼎 CS 大黑"、字体大小为 14 点，效果如图 2-121 所示。

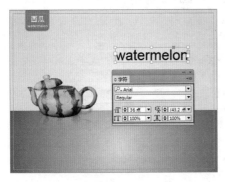

图 2-120   图 2-121

步骤⑭ 执行菜单"文件 / 置入"命令，置入随书附带的"素材 \02\ 西瓜文本 .txt"素材，在页面中拖曳鼠标，将文字放置到页面中，效果如图 2-122 所示。

图 2-122

技巧：置入文本时，在"置入"对话框中，勾选"应用网格格式"复选框，置入的文字会自动放置到网格文本框中，如图 2-123 所示。

图 2-123

步骤⑮ 执行菜单"文字 / 复合字体"命令，打开"复合字体编辑器"对话框，在对话框中单击"新建"按钮，在弹出的"新建复合字体"对话框中设置"名称"为"微软雅黑 +Arial"，效果如图 2-124 所示。

图 2-124

提示：新建复合字体时，建议使用"中文 + 英文"的形式命名复合字体。在设置字体时，可以在"字符"面板中先找到合适的本文当中的字体，之后再进行复合字体的设置。

步骤⑯ 单击"确定"按钮，回到"复合字体编辑器"对话框中，单击[字]（全角字框）按钮，设置"汉字"字体为"微软雅黑"，"标点""符号""罗马字"和"数字"字体为 Arial，再设置"罗马字"和"数字"的"基线"为 -1%，如图 2-125 所示。

步骤⑰ 设置完成单击"存储"按钮，再单击"确定"按钮，完成复合字体的创建。使用[T.]（文字工具）选择置入的文字，在"字符"面板中，选择字体为"微软雅黑 +Arial"、字体大小为 8 点、行距为 14 点，效果如图 2-126 所示。

图 2-125

步骤⑱ 使用[□]（矩形工具）绘制 3 个矩形，将其分别填充"绿色""红色"和"青色"，效果如图 2-127 所示。

图 2-126   图 2-127

步骤⑲ 使用[✐]（钢笔工具）在西瓜壶的下面绘制一条曲线，使用[✐]（路径文字工具）在路径上输入文字，效果如图 2-128 所示。

图 2-128

技巧：路径文字工具用于将路径转换为文字路径，然后在文字路径上输入和编辑文字，常用于制作特殊形状的沿路径排列的文字效果。

> **技巧**：如果路径不够长，文字没有完全显示的话，则文字右侧会出现一个红色的⊞图标，表示有文字未排完。可用 ▶（直接选择工具）单击路径，将路径选中后再作修改；如果想删除路径上的文字，可直接单击"删除"按钮，或执行菜单"文字/路径文字/删除路径文字"命令。

步骤 20 使用 T.（文字工具）选择文字，将其填充为白色，去掉曲线路径，至此本例制作完成，效果如图 2-129 所示。

图 2-129

本章练习与习题

练习

1. 新建空白文档后，在页面输入横排文字和直排文字。

2. 为置入的段落文本设置串联。

习题

1. 在 InDesign 中出现长篇段落文本后，文中若中文和英文同时存在，如何快速设置文中中文和英文的字体（   ）？

 A. 使用"段落"面板 B. 设置复合字体   C. 统一文字   D. 调整文字大小

2. 输入文字后，在"字符"面板的弹出菜单中可以为文字添加下划线，以下哪些属于可以设置的下划线范畴（   ）？

 A. 更改字体   B. 改变下划线颜色 C. 改变下划线类型 D. 改变下划线粗细

3. 在 Adobe InDesign 中，输入文字后可以为单个字符进行以下哪些设置（   ）？

 A. 更改字体   B. 更改文字大小   C. 更改文字颜色 D. 设置文字的基线偏移

第3章

图形的绘制

在 InDesign 中排版时，除了文字以外，基本的图形绘制同样起到非常重要的作用。

本章主要讲解利用 InDesign 中的图形绘制工具绘制图形以及编辑图形的方法。

本章内容

▶ 使用矩形与椭圆工具绘制灯笼　　▶ 使用钢笔工具绘制生肖牛

▶ 使用多边形与直线工具绘制入场券　▶ 使用铅笔及编辑工具绘制牛年贺卡

实例 16　使用矩形与椭圆工具绘制灯笼

实例思路 --

　　矩形与椭圆是几何图形中最基本的形状。本例使用▣（矩形工具）绘制矩形，使用▨（渐变羽化工具）对矩形进行羽化编辑，使用◯（椭圆工具）绘制椭圆，复制副本后缩小，再通过▣（渐变工具）填充渐变色，设置混合模式和不透明度，使用▣（文字工具）输入文字后，设置文字的字体和大小，具体制作流程如图 3-1 所示。

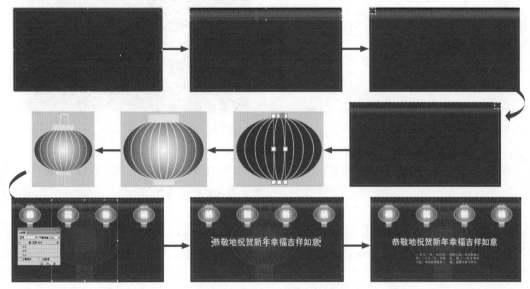

图 3-1

版面布局

　　本例大体上是以对齐方式进行排版的，对齐方式为居中对齐，如图 3-2 所示。

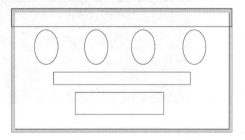

图 3-2

实例要点 --

▶▶ 新建文档
▶▶ 使用矩形工具绘制矩形
▶▶ 使用渐变羽化工具编辑矩形
▶▶ 使用椭圆工具绘制椭圆
▶▶ 设置混合模式为"滤色"

▶▶ 复制图形并缩小
▶▶ 使用渐变工具填充渐变色
▶▶ 通过"字符"面板设置文字
▶▶ 为段落文本设置分栏

操作步骤 --

步骤01 启动 Indesign CC 软件，新建空白文档，设置"页数"为1，勾选"对页"复选框，设置"宽度"为 190 毫米、"高度"为 100 毫米，设置"出血"为 3 毫米。单击"边距和分栏"按钮，在弹出的"新建边距和分栏"对话框中，设置"边距"为"0 毫米"，设置完成单击"确定"按钮，新建文档如图 3-3 所示。

步骤02 使用 ▣（矩形工具）在页面上根据出血框绘制一个红色矩形，如图 3-4 所示。

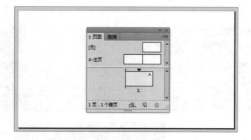

图 3-3

图 3-4

技巧：使用 ▣（矩形工具）绘制矩形时，按住 Shift 键可以绘制正方形；按住 Shift+Alt 键时，会以选取点为中心向外扩展绘制矩形。

步骤03 使用 ▣（矩形工具）在页面顶部绘制一个黑色矩形，如图 3-5 所示。

步骤04 使用 ▦（渐变羽化工具）在黑色矩形中从上向下拖曳鼠标，制作渐变羽化效果，如图 3-6 所示。

图 3-5

图 3-6

步骤05 使用 ◯（椭圆工具）绘制两个红色正圆，将其描边填充为黑色，效果如图 3-7 所示。

图 3-7

技巧：使用 ◯（椭圆工具）绘制椭圆时，按住 Shift 键可以绘制正圆；按住 Shift+Alt 键时，会以选取点为中心向外扩展绘制正圆。

> **技巧**：使用 🔲（矩形工具）绘制矩形或使用 🔘（椭圆工具）绘制椭圆时，在工具箱中选择工具后，在页面上单击鼠标，会弹出工具对应的对话框，在其中可以设置固定大小的矩形或椭圆。

步骤 06 使用 ▣（选择工具）将两个正圆框选，按 Ctrl+G 快捷键将其编组，再将其拖曳到文档的左上角处，效果如图 3-8 所示。

步骤 07 按住 Alt 键的同时向右拖曳，松开鼠标复制一个副本，然后按 Ctrl+Alt+4 快捷键数次，直到复制到最右侧为止，此时背景部分制作完成，效果如图 3-9 所示。

图 3-8   图 3-9

步骤 08 下面绘制灯笼。使用 🔘（椭圆工具）绘制一个红色椭圆，设置描边颜色为黄色、描边宽度为 1 点，效果如图 3-10 所示。

步骤 09 复制一个副本，按住 Ctrl+Alt 键向中心拖曳边框，将副本缩小，如图 3-11 所示。

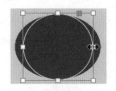

图 3-10   图 3-11

步骤 10 依此类推，复制副本再将其缩小，效果如图 3-12 所示。

步骤 11 使用 ▣（选择工具）选择最大的椭圆，复制一个副本，将副本的描边去掉，选择 🔲（渐变工具），设置渐变"类型"为"径向"，效果如图 3-13 所示。

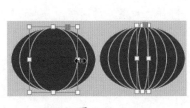
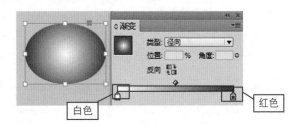

图 3-12   图 3-13

步骤 12 在"效果"面板中设置混合模式为"滤色"，效果如图 3-14 所示。

步骤 13 使用 🔲（矩形工具）绘制两个黄色矩形，效果如图 3-15 所示。

步骤 14 使用 🔲（矩形工具）在上面的矩形上面绘制一个矩形，设置填充为"无"、描边颜色为"黄色"，设置描边宽度为 2 点，效果如图 3-16 所示。

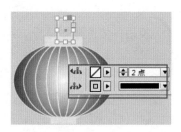

图 3-14	图 3-15	图 3-16

步骤⑮ 在属性栏中设置圆角值为 5 毫米，效果如图 3-17 所示。

步骤⑯ 使用 ∕ （直线工具）绘制一条黄色直线，设置描边宽度为 0.75 点，效果如图 3-18 所示。

步骤⑰ 向右复制直线，直到复制到矩形右边为止，效果如图 3-19 所示。

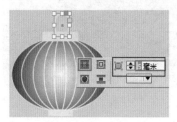

图 3-17	图 3-18	图 3-19

步骤⑱ 使用 T （文字工具）输入白色文字，设置字体为"迷你简胖娃"、字体大小为 36 点，在"效果"面板中设置"不透明度"为 88%，此时灯笼绘制完成，效果如图 3-20 所示。

步骤⑲ 框选整个灯笼，按 Ctrl+G 快捷键将其编组，再将其移动到文档中，效果如图 3-21 所示。

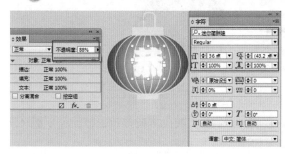

图 3-20	图 3-21

步骤⑳ 执行菜单"对象 / 效果 / 外发光""内发光"命令，打开"效果"对话框，分别设置"外发光"和"内发光"，其中的参数值设置如图 3-22 所示。

图 3-22

步骤㉑ 设置完成单击"确定"按钮，效果如图 3-23 所示。

步骤㉒ 复制 3 个副本，向右移动位置，再使用 **T.**（文字工具）更改文字。选择灯笼，按 Ctrl+[快捷键数次将其向后移动几层，效果如图 3-24 所示。

图 3-23

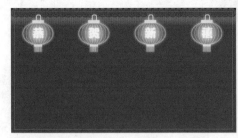 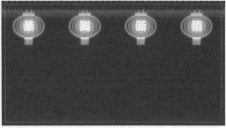

图 3-24

步骤㉓ 复制一个灯笼将其拉大，在"效果"面板中设置"不透明度"为 10%，效果如图 3-25 所示。

步骤㉔ 使用 **T.**（文字工具）在页面中输入黄色文字，在"字符"面板中，设置字体为"文鼎 CS 大黑"、字体大小为 30 点，效果如图 3-26 所示。

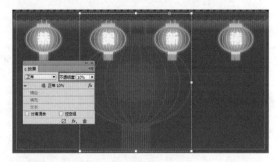

图 3-25

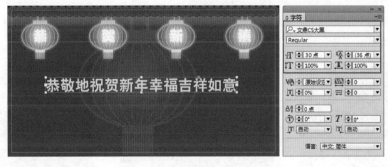

图 3-26

步骤㉕ 使用 **T.**（文字工具）在页面中输入白色文字，在"字符"面板中，设置字体为"Adobe 宋体 Std"、字体大小为 11 点，效果如图 3-27 所示。

步骤㉖ 执行菜单"文本 / 文本框架选项"命令，设置"栏数"为 2，其他参数不变，如图 3-28 所示。

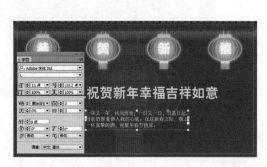
图 3-27

图 3-28

步骤 27 设置完成单击"确定"按钮，至此本
例制作完成，效果如图 3-29 所示。

图 3-29

 实例 17　使用多边形与直线工具绘制入场券

（实例思路）--

　　根据要求，可以绘制不同类型的多边形和线条。本例使用🔲（矩形工具）和🔳（渐变工具）绘制矩形并填充渐变色，以此作为背景，使用🔘（多边形工具）绘制 20 边形，设置"角选项"后为其填充颜色并缩小，编组图形后设置不透明度，复制多个副本调整大小和位置，通过🔄（旋转工具）旋转图形，使用✏（直线工具）绘制直线，在"描边"面板中设置描边，具体制作流程如图 3-30 所示。

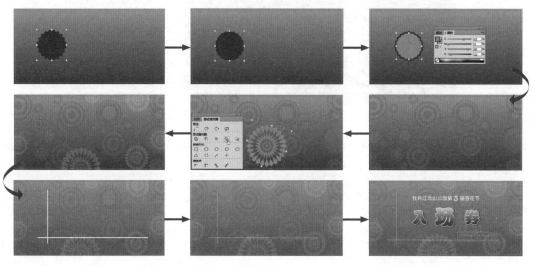
图 3-30

版面布局

　　本例中的背景部分按不规则方式排序图形并调整不透明度，以此作为修饰，在主体布局上以居中作为对齐方式进行排版，使内容都集中在页面中心区域，如图 3-31 所示。

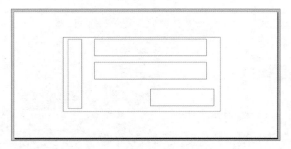

图 3-31

实例要点

▶ 新建文档

▶ 使用矩形工具绘制矩形

▶ 使用渐变工具填充渐变色

▶ 使用多边形工具绘制 20 边形

▶ 设置"角选项"为"反向圆角"

▶ 复制图形并缩小

▶ 设置不透明度

▶ 使用直线工具绘制直线

▶ 通过"描边"面板设置描边

▶ 通过"字符"面板设置文字

操作步骤

步骤01 启动 Indesign CC 软件，新建空白文档，设置"页数"为 1，勾选"对页"复选框。设置"宽度"为 320 毫米、"高度"为 150 毫米，设置"出血"为 3 毫米。单击"边距和分栏"按钮，在弹出的"新建边距和分栏"对话框中，设置"边距"为 0 毫米，设置完成单击"确定"按钮，新建文档如图 3-32 所示。

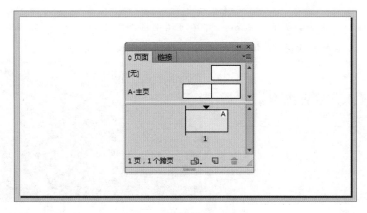

图 3-32

步骤 02 使用 ■（矩形工具）在页面上根据出血框绘制一个矩形，在工具箱中单击 ■（渐变工具），打开"渐变"面板，使用 ■（渐变工具）从上向下拖曳鼠标填充渐变色，在"渐变"面板中设置渐变色，如图 3-33 所示。

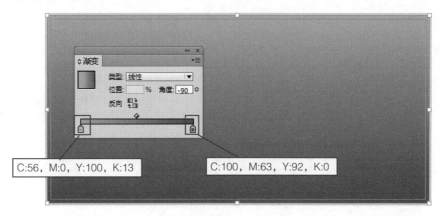

图 3-33

步骤 03 为了操作更加方便，执行菜单"对象 / 锁定"命令，将背景锁定。在工具箱中单击 ■（多边形工具），打开"多边形设置"对话框，设置"边数"为 20、"星形内陷"为 10%，使用 ■（多边形工具）在页面中绘制多边形，为多边形填充"C:67，M:0，Y:87，K:70"颜色，如图 3-34 所示。

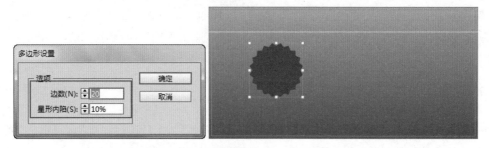

图 3-34

提示：编辑文档时，对背景进行锁定，可以更好地在背景上编辑其他图形。

步骤 04 执行菜单"对象 / 角选项"命令，打开"角选项"对话框，设置半径值为 5 毫米、类型为"反向圆角"，设置完成单击"确定"按钮，效果如图 3-35 所示。

图 3-35

步骤 05 复制一个副本，将副本缩小，再为其填充"C:67，M:0，Y:87，K:12"颜色，效果如图 3-36 所示。

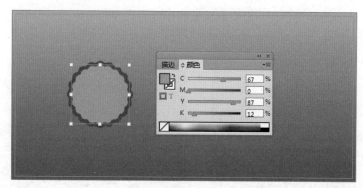

图 3-36

步骤 06 依此类推，复制并缩小图形，对其进行交替颜色填充。使用 ▶ （选择工具）框选对象，按 Ctrl+G 快捷键将其编组，设置"不透明度"为 30%，效果如图 3-37 所示。

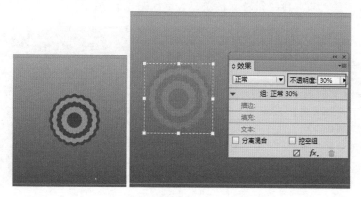

图 3-37

步骤 07 使用同样的方法，绘制几个不同大小的多边形，调整大小和位置，将其进行排列，效果如图 3-38 所示。

步骤 08 使用 ◎ （多边形工具）绘制一个 20 边形，使用 ▶ （选择工具）改变图形的形状，效果如图 3-39 所示。

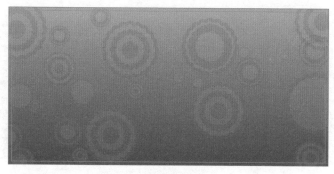

图 3-38

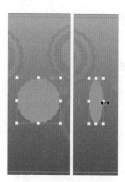

图 3-39

步骤09 使用 🔄（旋转工具）将图形的旋转中心点调整到底部，单击 🔄（旋转工具），打开"旋转"对话框，设置"角度"为 15°，单击"复制"按钮，效果如图 3-40 所示。

步骤10 按 Ctrl+Alt+4 快捷键数次，直到旋转复制一周为止，效果如图 3-41 所示。

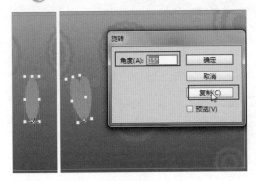

图 3-40

图 3-41

步骤11 选择旋转复制的所有图形，执行菜单"窗口/对象和版面/路径查找器"命令，打开"路径查找器"面板，单击 🔲（排除重叠）按钮，效果如图 3-42 所示。

图 3-42

其中的各项含义如下。

- 🔲（相加）按钮：可以跟踪所有对象的轮廓以创建单个形状。
- 🔲（减去）按钮：将前面的对象从底层的对象上减去以创建单个形状。
- 🔲（交叉）按钮：从重叠区域创建一个形状。
- 🔲（排除重叠）按钮：将不重叠的区域创建一个形状。
- 🔲（减去后方对象）按钮：将后面的对象在最顶层的对象上减去以创建一个形状。

步骤12 在"效果"面板中设置混合模式为"颜色减淡"，设置"不透明度"为 50%，效果如图 3-43 所示。

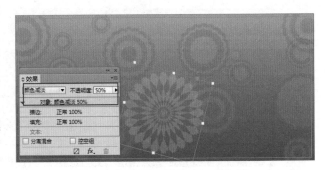

图 3-43

步骤⑬ 复制几个副本，调整大小和位置，效果如图 3-44 所示。

步骤⑭ 使用 ▣（矩形工具）在页面上根据出血框绘制一个绿色矩形，设置"不透明度"为 30%，效果如图 3-45 所示。

图 3-44　　　　　　　　　　　　　图 3-45

步骤⑮ 使用 ∕（直线工具）在页面上绘制两条白色直线，设置描边宽度为 5 毫米，效果如图 3-46 所示。

步骤⑯ 执行菜单"窗口 / 描边"命令，打开"描边"面板，选择垂直直线，在"描边"面板中设置"类型"为"波浪线"，效果如图 3-47 所示。

 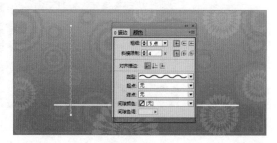

图 3-46　　　　　　　　　　　　　图 3-47

其中的各项含义如下。

● 粗细：用于设置描边宽度。在下拉列表中可以选择预设数值，也可以自行输入一个数值并按 Enter 键应用。其后有 3 个按钮用于设置开放路径两端的端点外观。"平头端点"用于创建邻接 (终止于) 端点的方形端点；"圆头端点"用于创建端点外扩展半个描边宽度的半圆端点；"投射末端"用于创建端点之外扩展半个描边宽度的方形端点。此选项使描边粗细沿路径周围的所有方向均匀扩展。

● 斜接限制：用于指定在斜角成为斜面连接之前相对于描边宽度对拐点长度的限制。如输入数值为 7，则要求在拐点成为斜面之前，拐点长度是描边宽度的 7 倍。其后 3 个按钮分别用于指定不同形式的路径拐角外观。"斜接连接"用于创建当斜接的长度位于斜接限制范围内时扩展至端点之外的尖角；"圆角连接"用于创建在端点之外扩展半个描边宽度的圆角；"斜面连接"用于创建与端点邻接的方角。

● 对齐描边：共 3 种选择，单击某个图标以指定描边相对于路径的位置，分别为描边在路径的两侧、内侧和外侧。

● 类型：在此列表中可以选择一个描边类型。

- 起点 / 终点：用于设置路径起始点或终点的样式。
- 间隙颜色：指定要应用于线、点线或多个线条间隙中的颜色。
- 间隙色调：在指定了间隙颜色后，指定一个色调。

步骤 17 设置水平线的"类型"为"右倾斜"。再绘制两条直线，设置"类型"为"圆点"，效果如图 3-48 所示。

步骤 18 使用 T（文字工具）输入白色文字，设置字体为"文鼎 CS 大黑"、字体大小为 30 点，使用 T（文字工具）选择数字"3"，设置字体为"Windsor BT"、字体大小为 48 点、颜色为黄色，效果如图 3-49 所示。

图 3-48

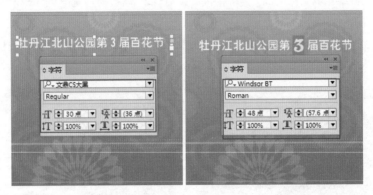

图 3-49

步骤 19 使用 T（文字工具）输入白色文字，设置字体为"迷你简胖娃"、字体大小为 90 点，使用 ■（渐变工具）为文字填充渐变色，设置描边颜色为白色、描边宽度为 3 点，效果如图 3-50 所示。

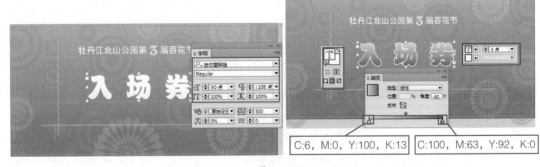

C:6, M:0, Y:100, K:13　　C:100, M:63, Y:92, K:0

图 3-50

步骤 20 执行菜单"对象 / 效果 / 投影"命令，打开"效果"对话框，其中的参数值设置如图 3-51 所示。

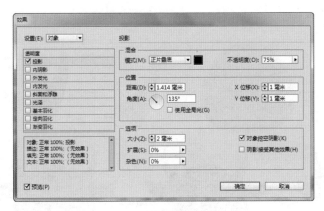

图 3-51

步骤21 设置完成单击"确定"按钮,效果如图 3-52 所示。

步骤22 使用 T (文字工具)选择"场"字,设置字体大小为 120 点,效果如图 3-53 所示。

图 3-52

图 3-53

步骤23 使用 T (文字工具)输入英文,在文字前面绘制一条直线,至此本例制作完成,效果如图 3-54 所示。

图 3-54

实例 18 使用钢笔工具绘制生肖牛

（实例思路）---

　　InDesign 中的 ☑（钢笔工具）是一个功能相当强大的绘图类工具,能够绘制和修改精细、复杂的路径。该工具右下角有一个黑色三角按钮,把光标移到该黑色三角上并单击鼠标左键,会显示 ☑（钢笔工具）所包含的隐藏工具:☑（添加锚点工具）、☑（删除锚点工具）和 ☑（转换点工具）。本例就是通过 ☑（椭圆工具）、☑（钢笔工具）、☑（直接选择工具）、☑（添加锚点工具）、☑（删除锚点工具）、☑（转换点工具）来绘制生肖牛,具体制作流程如

图 3-55 所示。

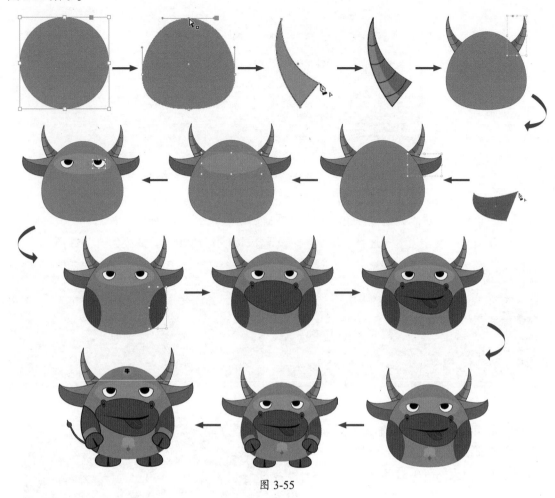

图 3-55

实例要点

▶▶ 新建文档

▶▶ 使用椭圆工具绘制椭圆

▶▶ 使用钢笔工具绘制图形

▶▶ 使用直接选择工具调整形状

▶▶ 使用添加锚点工具为路径添加锚点

▶▶ 使用删除锚点工具删除多余锚点

▶▶ 设置"角选项"为"圆角"

▶▶ 复制图形并缩小

操作步骤

步骤01 启动 Indesign CC 软件，新建一个默认大小的空白文档，使用 ◯（椭圆工具）绘制一个 "C:38，M:54，Y:78，K:0"颜色的正圆，使用 ▸（直接选择工具）调整正圆形状，将其作为牛脸部分，效果如图 3-56 所示。

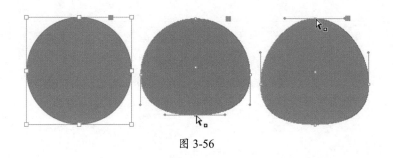

图 3-56

技巧：图形绘制完成后，使用 选择其中的一个锚点，拖动可以改变图形的形状。

步骤02 下面绘制牛角部分。使用 绘制一个封闭的图形，设置填充颜色为"C:0, M:52, Y:86, K:0"，设置描边宽度为 1 点，如图 3-57 所示。

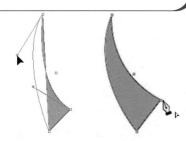

图 3-57

技巧：在工具箱中选择 后，当光标在页面中变为 ![] 形状时，在页面中任意位置单击即可确定一条路径的起始锚点，在页面的另一位置再次单击可以确定这条路径的结束锚点，两点之间将自动连成一条直线路径。如果反复执行这样的操作，就会得到由一系列连续的折线构成的路径，如图 3-58 所示。

图 3-58

技巧：在工具箱中选择 后，在页面中按住鼠标左键向上或向下拖动，会出现两条控制句柄，此时就定义好了曲线路径的第一个锚点，移动鼠标指针到此锚点的一边，按鼠标左键并向刚才的反向拖动鼠标，这两个锚点间就会出现圆弧状的路径，拖动控制句柄可以调节曲线的形状，如图 3-59 所示。

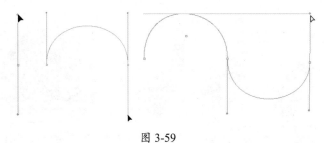

图 3-59

技巧：当需要使用🖊️（钢笔工具）绘制封闭的曲线路径时，可以在确定了曲线路径的最后一个锚点后，将🖊️（钢笔工具）移到曲线路径的起始点，当光标变为🖊️。形状时单击起始点就可以将该路径封闭。使用🖊️（钢笔工具）也可以将两条开放路径进行连接：将光标移到一条路径的端点，当其变为🖊️形状时单击选中该锚点，将光标移到另一条路径的端点，当其变为🖊️。形状时，单击该锚点，两条开放路径即被连接成一条路径，如图 3-60 所示。

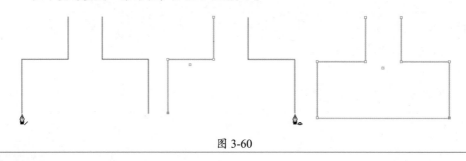

图 3-60

步骤03 复制一个副本后，使用🖊️（钢笔工具）再绘制一个封闭图形，如图 3-61 所示。

步骤04 将两个图形一同选取，在"路径查找器"面板中，单击▣（交叉）按钮，得到一个相交区域，再将相交区域移动到另一个图形上，设置填充颜色为"C:36，M:67，Y:100，K:0"，去掉描边颜色，效果如图 3-62 所示。

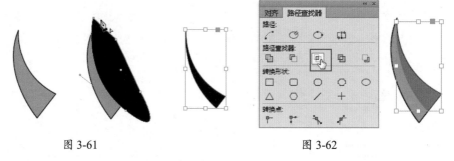

图 3-61　　　　　　　　　　图 3-62

步骤05 使用🖊️（钢笔工具）在图形上面绘制黑色曲线，设置描边宽度为"0.75 毫米"，此时牛角部分绘制完成，效果如图 3-63 所示。

步骤06 使用▶(选择工具)框选牛角，按Ctrl+G快捷键将其编组，将其移动到调整后的圆形上面，按 Ctrl+[快捷键后移一层，将其放置到后面，效果如图 3-64 所示。

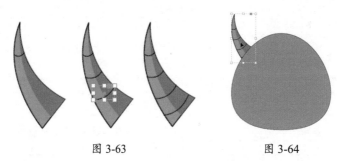

图 3-63　　　　　　　　　　图 3-64

步骤 07 复制牛角，将其向右移动，单击属性栏中⊠（水平翻转）按钮，将牛角副本进行翻转，效果如图 3-65 所示。

步骤 08 下面绘制牛耳朵。使用 🖊（钢笔工具）绘制一个封闭的图形，设置填充颜色为"C:53，M:64，Y:91，K:12"，设置描边宽度为 1 点，效果如图 3-66 所示。

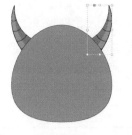

图 3-65　　　　　　　图 3-66

步骤 09 复制一个副本后，使用 🖊（钢笔工具）再绘制一个封闭图形，如图 3-67 所示。

步骤 10 将两个图形一同选取，在"路径查找器"面板中，单击 回（交叉）按钮，得到一个相交区域，再将相交区域移动到另一个图形上，设置填充颜色为"C:38，M:54，Y:79，K:0"，设置描边宽度为 1 点，此时牛耳朵绘制完成，效果如图 3-68 所示。

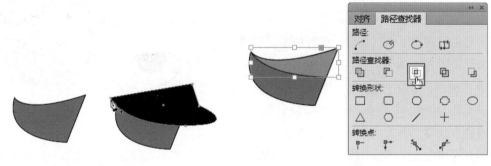

图 3-67　　　　　　　　　　图 3-68

步骤 11 使用 ▶（选择工具）框选牛耳朵，按 Ctrl+G 快捷键将其编组，将其移动到调整后的圆形上面，按 Ctrl+[快捷键后移一层，将其放置到后面。复制牛耳朵，将其向右移动，单击属性栏中⊠（水平翻转）按钮，将牛角副本进行翻转，效果如图 3-69 所示。

步骤 12 下面绘制牛眼睛区域。使用 ◯（椭圆工具）绘制一个椭圆，设置填充颜色为"C:33，M:48，Y:67，K:0"，再去掉描边，效果如图 3-70 所示。

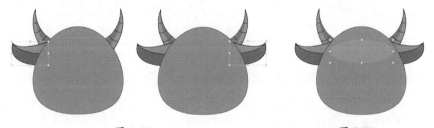

图 3-69　　　　　　　　　　图 3-70

步骤 13 使用 ◯（椭圆工具）绘制一个白色正圆，设置描边宽度为 1 点，使用 🖉（删除锚点工具）删除顶部的锚点，效果如图 3-71 所示。

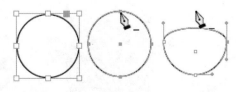

图 3-71

技巧： 🖊（添加锚点工具）用于在路径上添加控制点，来对路径形状进行修改，默认快捷键为 =。使用🖊（添加锚点工具）在路径上任意位置单击鼠标左键。就可添加一个锚点。如果是直线路径，添加的锚点就是直线点。如果是曲线路径，添加的锚点就是曲线点。

技巧： 🖊（删除锚点工具）用于减少路径上的控制点，默认快捷键为 -。使用🖊（删除锚点工具）在路径锚点上单击就可将锚点删除，删除锚点后会自动调整形状，锚点的删除不会影响路径的开放或封闭属性。操作时，路径需要处于被选择状态。

步骤⑭ 复制图形，为其填充黑色并将其缩小，框选两个图形，按 Ctrl+G 快捷键将其编组。再将其拖曳到牛脸上，复制一个副本向右移动，单击属性栏中🔀（水平翻转）按钮，将牛眼睛副本进行翻转，此时牛眼睛区域制作完成，效果如图 3-72 所示。

步骤⑮ 下面制作牛身上的斑点。复制一个牛脸，使用⚪（椭圆工具）绘制一个椭圆，将其与牛脸副本一同选取，在"路径查找器"面板中，单击▣（交叉）按钮，得到

图 3-72

一个相交区域，设置填充颜色为"C:52，M:73，Y:10，K:19"，设置描边宽度为 1 点，效果如图 3-73 所示。

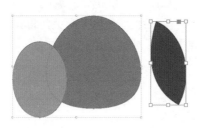 

图 3-73

步骤⑯ 将其移动到牛脸上，复制一个副本并向右移动，单击属性栏中🔀（水平翻转）按钮，将牛身体斑点副本进行翻转，此时牛身体斑点区域制作完成，效果如图 3-74 所示。

步骤⑰ 下面绘制牛鼻子区域。使用⚪（椭圆工具）绘制一个椭圆，使用▸（直接选择工具）调整椭圆形状，效果如图 3-75 所示。

 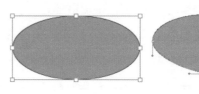

图 3-74　　　　　　　　　图 3-75

步骤⑱ 在上面绘制两个椭圆，框选椭圆，在"路径查找器"面板中，单击▣（相加）按钮，将其变为一个对象，效果如图 3-76 所示。

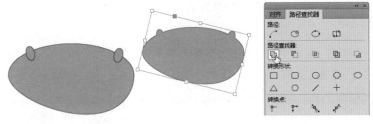

图 3-76

步骤⑲ 将牛鼻子拖曳到牛脸上，使用▨（吸管工具）在斑点上单击，为其应用颜色，再设置描边宽度为 1 点，效果如图 3-77 所示。

步骤⑳ 使用▨（椭圆工具）在牛鼻孔处绘制椭圆，此时鼻子部分制作完成，效果如图 3-78 所示。

图 3-77   图 3-78

步骤㉑ 下面绘制嘴巴部分。使用▨（钢笔工具）绘制黑色封闭图形和粉色封闭图形，黑色作为嘴巴，粉色作为舌头，效果如图 3-79 所示。

步骤㉒ 使用▨（钢笔工具）绘制一条白色曲线，此时嘴巴部分绘制完成，效果如图 3-80 所示。

图 3-79   图 3-80

步骤㉓ 下面绘制铃铛。使用▣（矩形工具）绘制一个橘黄色的矩形，执行菜单"对象 / 角选项"命令，打开"角选项"对话框，设置转角大小为 11 毫米、转角形状为"圆角"，设置完成单击"确定"按钮，效果如图 3-81 所示。

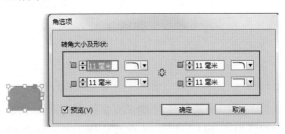

图 3-81

其中的各项含义如下。

● ▣（统一所有设置）：要对矩形的 4 个角应用转角效果。

● 转角大小设置：指定一个或多个转角的大小。该大小可以确定转角效果从每个角点处延伸的半径。

● 转角形状设置：从列表框中选择一个转角效果，包括"无""花式""斜角""内陷""反向圆角""圆角"等效果。

步骤24 使用◉（椭圆工具）绘制椭圆，再为其设置颜色，效果如图 3-82 所示。

图 3-82

步骤25 使用◉（椭圆工具）绘制正圆描边，设置描边宽度为 2 点，此时铃铛绘制完成，效果如图 3-83 所示。

步骤26 框选铃铛，按 Ctrl+G 快捷键将其编组，再将其移动到牛脸上，调整顺序，效果如图 3-84 所示。

步骤27 下面绘制牛脚。使用▭（矩形工具）绘制矩形，使用▨（添加锚点工具）为矩形添加锚点，使用▸（直接选择工具）调整锚点，再使用◣（转换点工具）将锚点调整成曲线，效果如图 3-85 所示。

图 3-83　　　　图 3-84

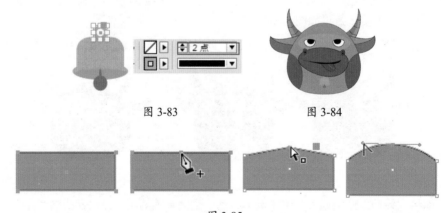

图 3-85

技巧：在工具箱中选择▸（直接选择工具）选中需要转换锚点属性的路径，使用◣（转换点工具）在路径上需要转换属性的锚点上直接单击，就可以将曲线上的锚点转换为直线上的锚点，或者将直线上的锚点转换为曲线上的锚点。在使用▨（钢笔工具）时，按住 Alt 键可切换为◣（转换点工具）。

步骤28 使用◉（椭圆工具）绘制椭圆，使用▸（直接选择工具）调整锚点并改变椭圆形状。使用▭（矩形工具）绘制黑色矩形，使用▸（直接选择工具）调整锚点调整矩形为梯形，此时牛脚部分绘制完成，效果如图 3-86 所示。

步骤29 框选牛脚部分，按 Ctrl+G 快捷键将去编组，将其移动到合适位置，改变顺序。再复制几个副本，制作本例制作完成，效果如图 3-87 所示。

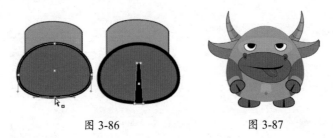

图 3-86　　　　　　　　　　图 3-87

步骤30 下面绘制牛尾巴。使用 ✐（钢笔工具）绘制一个封闭图形，使用 ✐（吸管工具）吸取斑点的颜色，效果如图 3-88 所示。

步骤31 使用 ◯（椭圆工具）绘制椭圆，使用 ✐（吸管工具）吸取斑点的颜色，使用 ▶（直接选择工具）调整椭圆的形状，效果如图 3-89 所示。

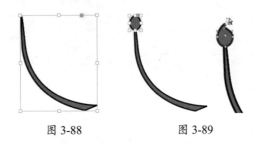

图 3-88　　　　　　　　图 3-89

步骤32 框选牛尾巴，按 Ctrl+G 快捷键，将其拖曳到牛身体部分并调整顺序，效果如图 3-90 所示。

步骤33 使用 ◯（椭圆工具）在牛头部分绘制椭圆，再使用 T（文字工具）输入文字，至此本例制作完成，效果如图 3-91 所示。

图 3-90　　　　　　　　图 3-91

实例 19　使用铅笔及编辑工具绘制牛年贺卡

（实例思路）---

　　使用 ✐（铅笔工具）进行绘制就像使用铅笔在纸张上进行绘制一样，可以自由绘制路径，并可以修改选中的路径外观，常用于绘制非精确的路径。本例使用 ▢（矩形工具）绘制矩形作为背景，置入素材后，使用 T（文字工具）输入文字，再通过 ✏（铅笔工具）、▨（平滑工具）、✒（涂抹工具）、✂（剪刀工具）对图形进行编辑，具体制作流程如图 3-92 所示。

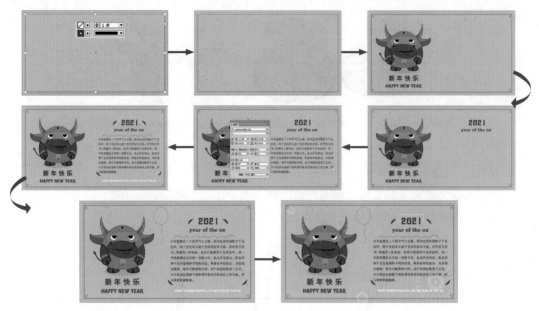

图 3-92

版面布局

本例大体上划分成左右两个部分，再在左右两部分进行详细内容的居中对齐，如图 3-93 所示。

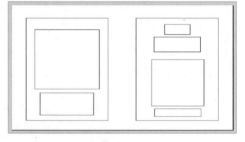

图 3-93

实例要点

▶ 新建文档

▶ 使用矩形工具绘制矩形

▶ 使用铅笔工具绘制曲线

▶ 使用平滑工具平滑曲线

▶ 置入素材

▶ 设置混合模式和不透明度

▶ 使用椭圆工具绘制椭圆

▶ 使用剪刀工具切割图形

▶ 输入文字并通过"字符"面板设置文字

（操作步骤）--

步骤01 启动 Indesign CC 软件，新建空白文档，设置"页数"为 1，勾选"对页"复选框，设置"宽度"为 200 毫米、"高度"为 110 毫米，设置"出血"为 3 毫米，单击"边距和分栏"按钮，在弹出的"新建边距和分栏"对话框中，设置"边距"为 0 毫米，设置完成单击"确定"按钮，新建文档如图 3-94 所示。

步骤02 使用■（矩形工具）在页面上根据出血框绘制一个矩形，设置填充颜色为"C:0，M:40，Y:0，K:70"，如图 3-95 所示。

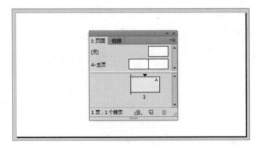

图 3-94　　　　　　　　　　　　　　图 3-95

步骤03 为了操作更加方便，执行菜单"对象 / 锁定"命令，将背景锁定。使用■（矩形工具）在页面中绘制一个"红色"的矩形框，设置描边宽度为 1 点，效果如图 3-96 所示。

步骤04 使用✎（铅笔工具）在左上角处绘制一个红色的曲线，效果如图 3-97 所示。

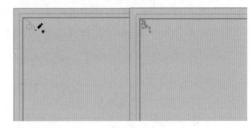

图 3-96　　　　　　　　　　　　　　图 3-97

技巧：在工具箱中双击✎（铅笔工具），系统会打开"铅笔工具首选项"对话框，在其中可以详细设置铅笔工具的参数，如图 3-98 所示。

图 3-98

其中的各项含义如下。

● 保真度：使用较低的保真度时，曲线将紧密匹配光标的移动，从而将生成更尖锐的角度。使用较高的保真度值，路径将忽略光标的微小移动，从而生成更平滑的曲线，取值范围是 0.5 ~ 20 像素。

● 平滑度：较低的平滑度值通常生成较多的锚点，并保留线条的不规则性；较高的值则生成较少的锚点和更平滑的路径。取值范围是 0 ~ 100%。默认值是 0，这意味着使用 [铅笔工具]（铅笔工具）时将不会自动应用平滑。

● 保持选定：勾选该复选框，将使 [铅笔工具]（铅笔工具）绘制的曲线处于选中状态。

● 编辑所选路径：勾选该复选框，则可编辑选中的曲线的路径。使用 [铅笔工具]（铅笔工具）可改变现有选中的路径，并可以在"范围"设置文本框中设置编辑范围。当 [铅笔工具]（铅笔工具）与该路径之间的距离接近设置的数值时，即可对路径进行编辑修改。

技巧：在工具箱中选择 [铅笔工具]（铅笔工具），在页面中选择起始点，当光标变为 形状，在页面中按住鼠标拖曳，得到自己需要的路径时，松开鼠标即可得到一条开放的路径，如图 3-99 所示。

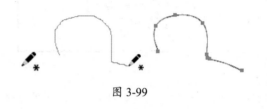

图 3-99

技巧：在工具箱中选择 [铅笔工具]（铅笔工具），在页面选择起始点，当光标变为 形状，在页面中按住鼠标拖曳，将终点拖曳到起点，鼠标指针变为 形状时，松开鼠标便可得到一个封闭的路径，如图 3-100 所示。

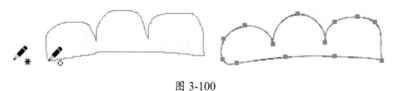

图 3-100

技巧：如果对绘制的路径不满意，还可以使用 [铅笔工具]（铅笔工具）本身来快速修改绘制的路径。首先要确认路径处于选中状态，将光标移动到路径上，当光标变成 形状时，按住鼠标按自己的需要重新绘制图形，绘制完成后释放鼠标即可看到路径的修改效果，如图 3-101 所示。

图 3-101

技巧：使用◢（铅笔工具）在绘制过程中，按住 Alt 键会将◢（铅笔工具）变成◢（平滑工具），必须是先绘制再按住 Alt 键；当绘制完成时，要先释放鼠标后再释放 Alt 键。这也是大部分辅助键的使用技巧。要特别注意，另外，如果此时◢（铅笔工具）并没有返回到起点位置，在中途按住 Alt 键并释放鼠标，系统会沿起点与当前铅笔位置自动连接一条线将其封闭。

步骤 05 铅笔绘制曲线后，发现平滑效果不好，这时我们可以使用◢（平滑工具）在曲线上涂抹，将其变得平滑一些，效果如图 3-102 所示。

步骤 06 复制副本，将其向右侧移动，单击属性栏中的◪（水平翻转）按钮，将副本翻转，效果如图 3-103 所示。

图 3-102

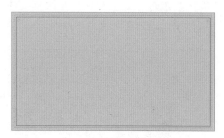

图 3-103

步骤 07 选择两个曲线，复制副本后向下移动，单击属性栏中的◪（垂直翻转）按钮，将副本翻转。再打开之前绘制的生肖牛，将其复制到当前文档中，效果如图 3-104 所示。

步骤 08 使用◯（椭圆工具）在生肖牛下面绘制一个黑色椭圆形，设置"不透明度"为 27%，按 Ctrl+[快捷键将其向后调整顺序，效果如图 3-105 所示。

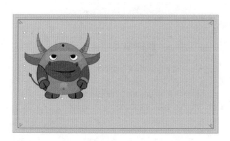

图 3-104

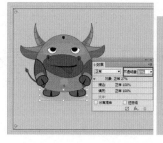

图 3-105

步骤 09 使用Ｔ（文字工具）在生肖牛下面输入红色文字，中文设置字体为"文鼎 CS 大黑"、字体大小为 24 点，英文设置字体为 Davida Bd BT、字体大小为 18 点，效果如图 3-106 所示。

步骤 10 复制英文并移动到右侧，将内容进行更改，下面的文字改变字体为 Windsor BT，再改变一下文字的大小，效果如图 3-107 所示。

图 3-106　　　　　　　　　　　　　图 3-107

步骤⑪ 执行菜单"文件 / 置入"命令，置入随书附带的"素材 \03\ 牛年 .txt"素材，在页面中拖曳，调整文本框的大小，再设置字体为"Adobe 宋体 std"、字体大小为 10 点、行距为 18 点，效果如图 3-108 所示。

步骤⑫ 使用 T.（文字工具）在段落文本下方输入白色文字，设置字体为 Davida Bd BT、字体大小为 10 点，效果如图 3-109 所示。

图 3-108　　　　　　　　　　　　　图 3-109

步骤⑬ 使用 ▭（矩形工具）在"2021"上面绘制一个白色矩形框，使用 ✐（涂抹工具）在矩形底部进行涂抹，效果如图 3-110 所示。

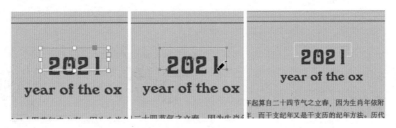

图 3-110

步骤⑭ 使用 ✐（铅笔工具）绘制波浪线，使用 ✐（平滑工具）对其进行平滑处理。复制一个副本向上移动，再降低不透明度，效果如图 3-111 所示。

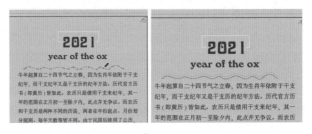

图 3-111

步骤⑮ 使用 ◯（椭圆工具）绘制一个红色的正圆，使用 ✂（剪刀工具）在正圆的 4 个锚点上单击，将其切割，效果如图 3-112 所示。

图 3-112

步骤⑯ 使用 ▶（选择工具）将 4 个区域分别移动到右侧文字的 4 个角处，效果如图 3-113 所示。

步骤⑰ 下面绘制一个气球。使用 ◯（椭圆工具）绘制一个橘色椭圆框，再使用 ✏（铅笔工具）绘制一条曲线，效果如图 3-114 所示。

图 3-113

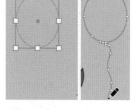

图 3-114

步骤⑱ 复制一个气球副本，移动位置后将其缩小，效果如图 3-115 所示。

步骤⑲ 执行菜单"文件 / 置入"命令，置入随书附带的"素材 \03\ 复杂花纹 .ai"素材，再设置混合模式为"强光"、"不透明度"为 22%，效果如图 3-116 所示。

图 3-115

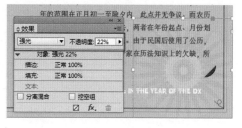

图 3-116

步骤⑳ 复制几个副本，移动位置并调整大小，至此本例制作完成，效果如图 3-117 所示。

图 3-117

本章练习与习题

练习

1. 新建空白文档，绘制矩形、三角形和正圆形。
2. 使用钢笔工具为置入的素材创建描边。

习题

1. 在 InDesign 中，使用（矩形工具）绘制矩形时，按住 Shift 键可以绘制正方形；按住（　　）键绘制矩形时，会以选取点为中心向外扩展绘制矩形。

A. Shift+Alt 键　　B. Ctrl+Alt 键　　C. Shift+Ctrl 键　　D. F 键

2. 使用（旋转工具）将图形的旋转中心点进行调整后，单击（旋转工具）打开“旋转”对话框，设置“角度”后，单击（　　）按钮，可以得到多个旋转图形。

A. Alt　　B. Ctrl　　C. 复制　　D. 确定

3. 在 Adobe InDesign 中，图形绘制完成后，使用（　　）选择其中的一个锚点拖动，可以改变图形的形状。

A. （直接选择工具）　B. （选择工具）　C. （添加锚点工具）　D. （自由变换工具）

第4章

图形图像的编辑

InDesign CC 的图形图像编辑功能，不但能应用于矢量图，也可以对位图图像进行细致的操作，还可以很方便地与多种应用软件进行协同工作，并可以通过"链接"面板来管理出版物中置入的图像文件。本章主要介绍图像的抠图、链接和编辑、管理方法，使用户更方便快捷地应用或查看图像。

本章内容

▶▶ 通过检测边缘功能去除位图的背景

▶▶ 使用 Photoshop 路径抠图制作洗发露宣传单

▶▶ 隐藏 Photoshop 图层制作女鞋画册

▶▶ 通过"贴入内部"命令制作员工工作手册

▶▶ 更改链接制作画册内页

实例 20　通过检测边缘功能去除位图的背景

（实例思路） --

　　"检测边缘"命令可以隐藏图像中颜色最亮或最暗的区域。本例先通过"置入"命令将位图置入到文档中，通过"检测边缘"命令隐藏位图的白色背景，再通过 T.（文字工具）输入文字并调整不透明度，将 Illustrator 软件中的素材直接拷贝到 InDesign 中，具体制作流程如图 4-1 所示。

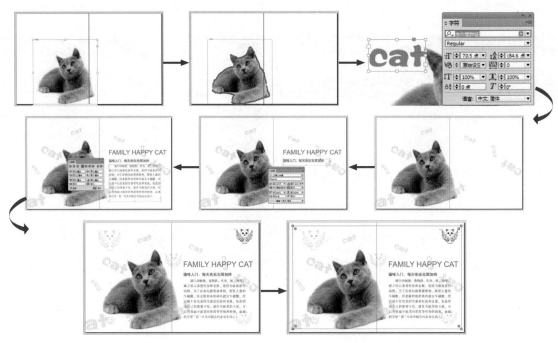

图 4-1

版面布局

　　本例大体上是以左右水平方式进行排版的，左侧部分放置一张图片，右侧通过输入的文字来与左侧形成平衡，如图 4-2 所示。

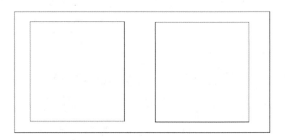

图 4-2

（实例要点） --

▶ 新建文档

▶ 通过"置入"命令置入素材

▶ 使用"检测边缘"命令去掉背景

▶ 输入文字并调整不透明度

▶ 拷贝 Illustrator 软件中的素材　　　　▶ 通过"段落"面板设置首行缩进

▶ 通过"字符"面板设置文字

操作步骤

步骤01 启动 Indesign CC 软件，新建空白文档，设置"页数"为3，勾选"对页"复选框，设置"宽度"为148毫米、"高度"为180毫米，设置"出血"为3毫米，单击"边距和分栏"按钮，在弹出的"新建边距和分栏"对话框中，设置"边距"为0毫米，设置完成单击"确定"按钮，新建文档如图4-3所示。

步骤02 在文档中选择"2-3页"，执行菜单"文件/置入"命令，置入随书附带的"素材\04\小猫.jpg"素材，在页面中拖曳，将素材置入到文档中，如图4-4所示。

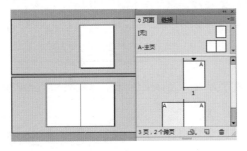

图 4-3

图 4-4

步骤03 执行菜单"对象/剪切路径/选项"命令，打开"剪切路径"对话框，在"类型"下拉列表中选择"检测边缘"，其他参数值以默认为准，如图4-5所示。

其中的各项含义如下。

● 类型：用来选择剪切路径的类型，其中包括"检测边缘""Alpha通道""Photoshop路径"和"用户修改的路径"。

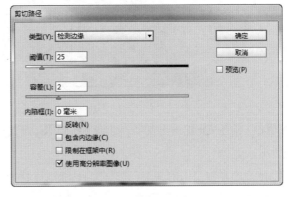

图 4-5

● 阈值：用来控制白色被去掉时的临界状态。

● 容差：用来控制颜色的范围。

● 内陷框：为图像的边缘添加内陷效果。

● 反转：用来将检测边缘以外的图像保留，而以内的图像会被隐藏。

● 包含内边缘：可以同时对图像内部边缘进行检测并处理。

● 限制在框架中：将检测控制在图形框架内。

● 使用高分辨率图像：表示在检测图像时使用原始图像的最高分辨率状态，这样可以保证检测到的边缘最精确，背景去除的效果会更好一些。

步骤 04 设置完成单击"确定"按钮，效果如图 4-6 所示。

步骤 05 执行菜单"对象 / 剪切路径 / 将剪切路径转换为框架"命令，效果如图 4-7 所示。

图 4-6

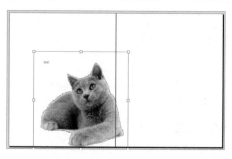

图 4-7

> 技巧：执行菜单"对象 / 剪切路径 / 将剪切路径转换为框架"命令，可以将剪切路径转换为图形框架。使用 🔾 （直接选择工具）可以调整框架锚点，也可以使用 🔾 （选择工具）移动调整框架。

步骤 06 使用 T （文字工具）输入粉色文字，设置字体为"迷你简胖娃"，效果如图 4-8 所示。

步骤 07 设置"不透明度"为 21%，效果如图 4-9 所示。

图 4-8

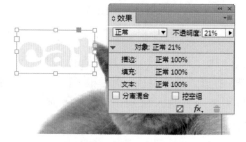

图 4-9

步骤 08 按住 Alt 键拖曳文字，复制一些副本，对其进行位置、大小和旋转的调整，效果如图 4-10 所示。

步骤 09 选择猫身上的文字，按住 Ctrl+Shift+[快捷键将其置于底层，效果如图 4-11 所示。

图 4-10

图 4-11

步骤 10 使用 T （文字工具）输入土黄色的文字，设置字体为 Arial，字体大小为 36 点，效果如

图 4-12 所示。

步骤⑪ 复制文字，将其改变内容为中文，设置字体为"文鼎 CS 大黑"、字体大小为 18 点，效果如图 4-13 所示。

图 4-12

图 4-13

步骤⑫ 执行菜单"文件 / 置入"，置入随书附带的"素材\04\小猫文本 .txt"素材，设置字体为"Adobe 宋体 Std"、字体大小为 15 点，效果如图 4-14 所示。

步骤⑬ 在"段落"面板中设置首行缩进为 11 点，效果如图 4-15 所示。

图 4-14

图 4-15

步骤⑭ 用 Illustrator 软件打开"展翅绿耳猫"文档，选择其中的小猫，按 Ctrl+C 快捷键。转换到 InDesign 软件中，再按 Ctrl+V 快捷键，将复制的图形粘贴到文档中，并将其放置到右上角，效果如图 4-16 所示。

图 4-16

步骤⑮ 复制几个绿耳猫素材,调整大小和位置后,设置"不透明度"为25%,效果如图4-17所示。

步骤⑯ 使用▢(矩形工具)在左上角处绘制一个正方形矩形框,将描边颜色设置为"粉色",效果如图4-18所示。

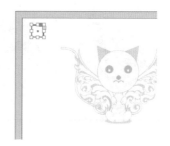

图 4-17 图 4-18

步骤⑰ 在属性栏中设置转角大小为5毫米、形状为"花式",效果如图4-19所示。

步骤⑱ 复制几个副本并分别放置到4个角处,效果如图4-20所示。

图 4-19 图 4-20

步骤⑲ 使用▱(直线工具)绘制4条粉色的直线,至此本例制作完成,效果如图4-21所示。

图 4-21

实例 21　使用 Photoshop 路径抠图制作洗发露宣传单

(实例思路)

如果置入的图像中包含 Photoshop 中存储的路径，可以使用"剪切路径"对话框中的"Photoshop 路径"选项对图像进行剪切。本例通过"置入"命令置入素材后，在上面绘制矩形并调整不透明度，完成背景的制作。在 Photoshop 中编辑路径后，存储文档。置入带有路径的文档，通过"Photoshop 路径"为素材进行抠图。使用 **T.**（文字工具）输入文字后，将文字贴入矩形框的内部，编辑矩形框形状，使用 ⁄（直线工具）绘制直线，具体制作流程如图 4-22 所示。

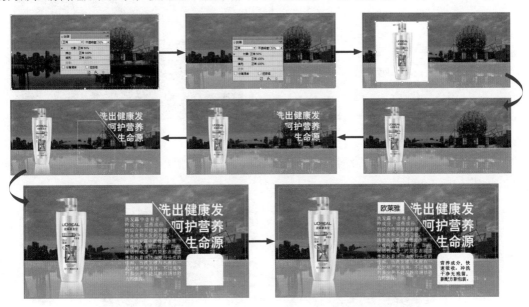

图 4-22

版面布局

本例以左右方式进行排版，左侧部分放置一张图片，右侧通过输入的文字，并对文字进行区域的细致划分，以及添加矩形、直线的修饰，来与左侧形成平衡，如图 4-23 所示。

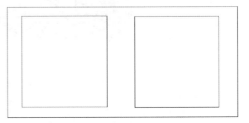

图 4-23

(实例要点)

▶▶ 新建文档

▶▶ 使用"置入"命令置入素材

▶▶ 使用矩形工具绘制矩形

▶▶ 使用"Photoshop 路径"选项剪切路径

▶▶ 水平翻转添加羽化效果

▶▶ 将文字粘贴到矩形框内

▶▶ 使用直接选择工具调整矩形框形状

▶▶ 使用直线工具绘制直线

操作步骤

步骤01 启动 Indesign CC 软件，新建空白文档，设置"页数"为 1、"宽度"为 320 毫米、"高度"为 150 毫米，设置"出血"为 3 毫米，单击"边距和分栏"按钮，在弹出的"新建边距和分栏"对话框中，设置"边距"为 0 毫米，设置完成单击"确定"按钮，新建文档如图 4-24 所示。

步骤02 执行菜单"文件/置入"命令，置入随书附带的"素材\04\夜晚.jpg"素材，使用鼠标沿左上角的出血线向右拖曳到右出血线，如图 4-25 所示。

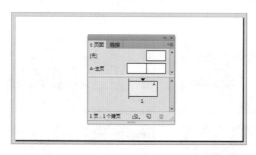
图 4-24

图 4-25

步骤03 使用▣（矩形工具）绘制一个与出血线大小一致的黑色矩形，设置"不透明度"为 50%，效果如图 4-26 所示。

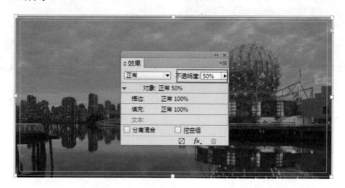
图 4-26

步骤04 使用▣（矩形工具）在底部绘制一个白色矩形，设置"不透明度"为 50%，效果如图 4-27 所示。

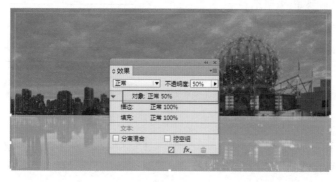
图 4-27

步骤05 启动 Photoshop 软件，打开随书附带的"素材\04\洗发露.jpg"素材，使用 （钢笔工具）沿洗发露创建路径，效果如图 4-28 所示。

步骤06 在"路径"面板中的工作路径上双击，将其命名为"路径 1"，如图 4-29 所示。

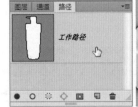

图 4-28　　　　　　　　　　　　图 4-29

步骤07 设置完成后单击"确定"按钮，将洗发露重新存储。回到 InDesign CC 文档中，执行菜单"文件/置入"命令，置入刚才存储的素材，效果如图 4-30 所示。

步骤08 执行菜单"对象/剪切路径/选项"命令，打开"剪切路径"对话框，在"类型"下拉列表中选择"Photoshop 路径"，其他参数值以默认为准，效果如图 4-31 所示。

图 4-30

步骤09 设置完成单击"确定"按钮，执行菜单"对象/剪切路径/将剪切路径转换为框架"命令，效果如图 4-32 所示。

图 4-31　　　　　　　　　　　图 4-32

技巧：在 InDesign 中，同样可以通过 （钢笔工具）进行精细抠图，方法是使用 （钢笔工具）围绕图像创建封闭路径，之后将图像贴入封闭路径内部，就可以完成抠图了。

技巧：在 Photoshop 中为创建的路径直接创建剪切路径后，在 InDesign 中置入图像，会直接将路径以外的区域隐藏。

步骤⑩ 复制一个副本，单击属性栏中的🖼（垂直翻转）按钮，将副本垂直翻转，按 Ctrl+[快捷键将其向后移动一层，使用🖼（渐变羽化工具）从上向下拖曳鼠标创建羽化效果，如图 4-33 所示。

步骤⑪ 使用🅣（文字工具）输入白色文字，设置字体为"文鼎 CS 大黑"、字体大小为 36 点、单击"右对齐"按钮，效果如图 4-34 所示。

图 4-33

图 4-34

步骤⑫ 按 Ctrl+X 快捷键剪切文字，使用🔲（矩形工具）绘制一个矩形框，如图 4-35 所示。

步骤⑬ 执行菜单"编辑 / 贴入内部"命令，将文本贴入到矩形框内，使用🅚（直接选择工具）调整矩形框的形状，效果如图 4-36 所示。

图 4-35

图 4-36

步骤⑭ 去掉矩形描边，使用／（直线工具）绘制一条白色斜线，效果如图 4-37 所示。

步骤⑮ 使用🖊（钢笔工具）绘制一个图形框，如图 4-38 所示。

步骤⑯ 使用🅣（文字工具）在图形框内输入文字，再去掉图形框，效果如图 4-39 所示。

图 4-37

图 4-38

图 4-39

步骤⑰ 使用 ▦（矩形工具）在文字的左上角绘制一个白色矩形，在右下角绘制一个上面为圆角的白色矩形，效果如图 4-40 所示。

步骤⑱ 使用 **T** （文字工具）在矩形上输入文字，效果如图 4-41 所示。

图 4-40   图 4-41

步骤⑲ 使用 ▱（直线工具）绘制两条绿色直线，将其作为文字的修饰图形，至此本例制作完成，效果如图 4-42 所示。

图 4-42

> **技巧**：InDesign 置入在 Photoshop 中编辑通道后的图像，可以通过"剪切路径"对话框中"Photoshop 通道"选项来进行抠图处理。

实例 22 隐藏 Photoshop 图层制作女鞋画册

实例思路

Photoshop 中的每个图层都可以在 InDesign 中进行单独隐藏和显示。本例先置入素材，在"对象图层选项"对话框中隐藏背景，为置入的素材去掉背景，再通过 ▦（矩形工具）、◙（多边形工具）和 ✎（钢笔工具）绘制图形，使用 **T**（文字工具）输入文字后将其通过"贴入内部"命令放置到图形框内，具体制作流程如图 4-43 所示。

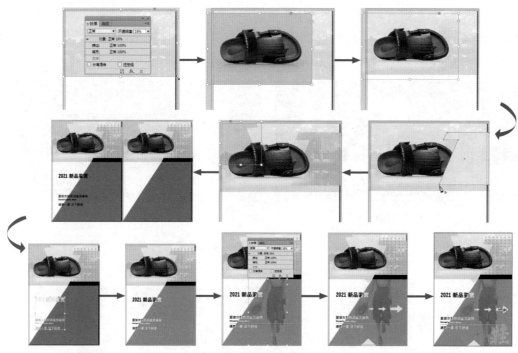

图 4-43

版面布局

本例大体上划分成上下两个部分，上部以图片和图形为主，下部以文字为主，文字部分以左对齐的方式进行布局，如图 4-44 所示。

图 4-44

实例要点

▶▶ 新建文档

▶▶ 置入素材

▶▶ 通过"对象图层选项"命令隐藏置入素材的背景

▶▶ 设置混合模式和不透明度

▶▶ 使用矩形工具绘制矩形

▶▶ 使用多边形工具绘制三角形和四角星形

▶▶ 输入文字并通过"字符"面板设置

▶▶ 通过"贴入内部"命令将文字粘贴到图形框内

操作步骤

步骤 01 启动 Indesign CC 软件，新建空白文档，设置"页数"为 1，勾选"对页"复选框，设置"宽度"为 185 毫米、"高度"为 260 毫米，设置"出血"为 3 毫米，单击"边距和分栏"按钮，在弹出的"新建边距和分栏"对话框中，设置"边距"为 0 毫米，设置完成单击"确定"按钮，新建文档如图 4-45 所示。

步骤 02 执行菜单"文件 / 置入"命令，置入随书附带的"素材 \04\ 夜晚 .jpg"素材，使用鼠标沿左上角的出血线向右拖曳到右出血线，再设置"不透明度"为 19%，效果如图 4-46 所示。

图 4-45   图 4-46

步骤 03 执行菜单"文件 / 置入"命令，置入随书附带的"素材 \04\ 拖鞋 .psd"素材，效果如图 4-47 所示。

步骤 04 执行菜单"对象 / 对象图层选项"命令，打开"对象图层选项"对话框，将"背景"隐藏，如图 4-48 所示。

图 4-47   图 4-48

> **技巧**：在"对象图层选项"对话框中，如果图层过多，不知道应该隐藏哪个图层的话，大家可以在 Photoshop 中将图层记住，之后再在"对象图层选项"对话框中选择需要隐藏的图层。

步骤 05 设置完成单击"确定"按钮，效果如图 4-49 所示。

步骤 06 使用 ▨(钢笔工具)绘制一个封闭的图形，为其填充黄色，去掉图形的描边，效果如图 4-50 所示。

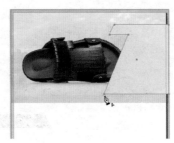

图 4-49   图 4-50

步骤⑦ 设置混合模式为"正片叠底",按 Ctrl+[快捷键将其向后移动一层,放置到鞋子的后面,效果如图 4-51 所示。

图 4-51

步骤⑧ 复制一个不规则图形副本,将其移动到左上角处,单击属性栏中 图 (水平翻转)按钮,再将副本缩小一些,效果如图 4-52 所示。

步骤⑨ 使用 ◎ (多边形工具)在页面中的右侧绘制一些灰色的四角星形和白色的四角星形,效果如图 4-53 所示。

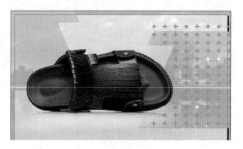

图 4-52   图 4-53

提示:绘制一个星形后,复制一个副本,之后按 Ctrl+Alt+4 快捷键,将其进行规则复制,可以快速得到大小和间距一致的多个副本。

步骤⑩ 使用 ◎ (钢笔工具)绘制两个不规则封闭图形,一个填充为黑色,一个填充为灰色,效果如图 4-54 所示。

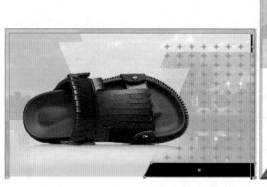

图 4-54

步骤⑪ 使用 T (文字工具)输入文字,从上向下设置字体依次为"文鼎 CS 大黑""微软雅黑"、Arial 和"微软雅黑",效果如图 4-55 所示。

> 技巧: 对于文字部分的排版,如果颜色一致,就要在大小或字体上设置不同,这样才能让文本更加具有视觉感。

步骤⑫ 选择文字后,复制一个副本,将副本文字颜色填充为白色,按 Ctrl+G 快捷键将其编组,效果如图 4-56 所示。

图 4-55 图 4-56

步骤⑬ 使用 ✎ (钢笔工具)绘制一个与后面一致的图形框。选择文字副本后按 Ctrl+X 快捷键剪切文字,再选择图形框,执行菜单"编辑 / 贴入内部"命令,效果如图 4-57 所示。

步骤⑭ 使用 ╱ (直线工具)在文字中间绘制一条灰色线条,设置描边宽度为 3 点,效果如图 4-58 所示。

图 4-57 图 4-58

步骤⑮ 执行菜单"文件 / 置入"命令,置入随书附带的"素材 \04\ 鞋 2.png"素材,设置混合模式为"变暗",设置"不透明度"为 26%,效果如图 4-59 所示。

步骤⑯ 使用▢（矩形工具）和◯（多边形工具）绘制黄色的矩形和三角形，效果如图 4-60 所示。

步骤⑰ 使用Ｔ（文字工具）输入黑色英文和白色中文，效果如图 4-61 所示。

| 图 4-59 | 图 4-60 | 图 4-61 |

步骤⑱ 选择右下角的文字，设置"不透明度"为 20%，至此本例制作完成，效果如图 4-62 所示。

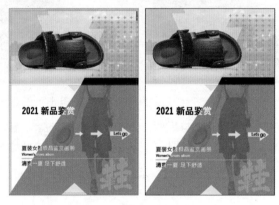

图 4-62

 实例 23　通过"贴入内部"命令制作员工工作手册

（实例思路） --

"贴入内部"功能并不是一定要将文档中的图像通过"贴入内部"命令放置到图形中，也可以选择图形后直接置入，将图像贴入到图形内部。本例通过▨（钢笔工具）绘制图形，使用▨（剪刀工具）将图形进行分割，选择图形后通过"置入"命令将素材置入图形内，使用Ｔ（文字工具）输入文字后设置不同文字大小和字体，再通过"饱和度"混合模式为图像去色，具体制作流程如图 4-63 所示。

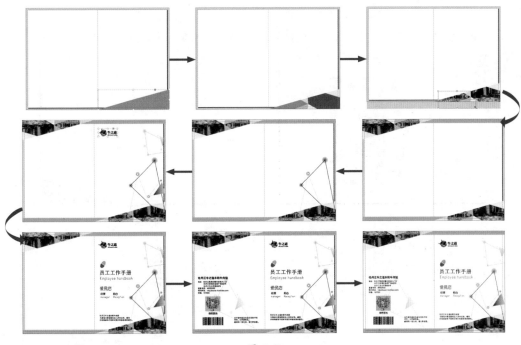

图 4-63

版面布局

本例是按页分的,第3页是封面,第2页是封底,每页中的布局都是局部左对齐,并从上向下按顺序进行分类,这样的排版会让整体看起来简洁大气,如图 4-64 所示。

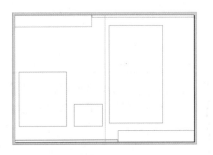

图 4-64

实例要点

▶ 新建文档

▶ 使用钢笔工具绘制图形

▶ 使用剪刀工具分割图形

▶ 置入素材到图形中

▶ 使用文字工具输入文字

▶ 使用椭圆工具绘制正圆

▶ 设置混合模式和不透明度

▶ 使用矩形工具绘制矩形

操作步骤

步骤 01 启动 Indesign CC 软件,新建空白文档,设置"页数"为2,设置"起始页码"为2,勾选"对页"复选框,设置"宽度"为110毫米、"高度"为150毫米,设置"出血"为3毫米,单击"边距和分栏"按钮,在弹出的"新建边距和分栏"对话框中,设置"边距"为0毫米,设置完成单击"确定"按钮，新建文档如图 4-65 所示。

步骤 02 使用 🖊（钢笔工具）在第 3 页的底部绘制一个封闭的灰色三角形，如图 4-66 所示。

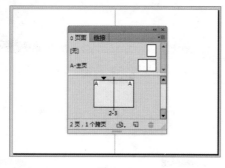

图 4-65

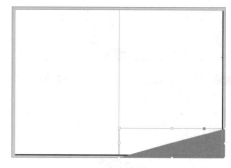

图 4-66

步骤 03 使用 ✂（剪刀工具）在三角形
上进行分割，为小图形区域填充黄色，
效果如图 4-67 所示。

图 4-67

技巧：一个图形使用 ✂（剪刀工具）分割一次后，再
对其中一个图形进行分割时，会出现形状缺失
的状况，如图 4-68 所示。要想解决此问题，只
要执行菜单"对象/路径/连接"命令，将其
缺失的描边区域连接出来，就可以再次应用 ✂（剪刀工具）分割了。

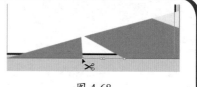

图 4-68

步骤 04 选择大的三角形，执行菜单"对象/路径/连接"命令，将缺失的描边连接出来，再使用 ✂（剪
刀工具）对其进行分割。依次分割后，将其填充不同的颜色，效果如图 4-69 所示。

步骤 05 选择其中的一个图形，执行菜单"文件/置入"命令，置入随书附带的"素材\04\001.jpg"
素材，效果如图 4-70 所示。

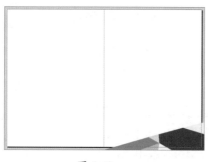

图 4-69

图 4-70

技巧：选择图形后，用"置入"命令置入的素材会直接放置到图形内部。

步骤06 使用 ▶ （直接选择工具）单击置入的素材，调整图像在图文框中的大小，效果如图 4-71 所示。

步骤07 选择左侧的三角形，执行菜单"文件/置入"命令，置入随书附带的"素材\04\002.jpg"素材，使用 ▶ （直接选择工具）调整图像在图文框中的大小，效果如图 4-72 所示。

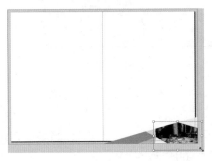
图 4-71

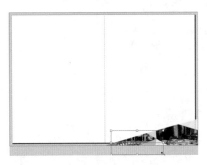
图 4-72

步骤08 使用 ✍ （钢笔工具）绘制一个封闭的黑色图形，在"效果"面板中设置"不透明度"为 32%，效果如图 4-73 所示。

步骤09 使用 ▢ （矩形工具）绘制一个灰色矩形，设置混合模式为"滤色"，效果如图 4-74 所示。

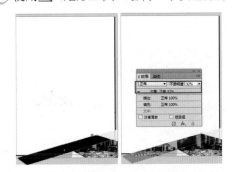
图 4-73

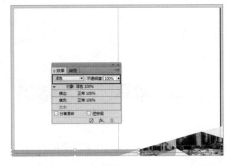
图 4-74

步骤10 使用 ▶ （选择工具）框选所有对象，复制一个副本，单击属性栏中的 ⬌ （水平翻转）按钮和 ⬍ （垂直翻转）按钮，再将副本向上移动，效果如图 4-75 所示。

步骤11 使用 ✍ （钢笔工具）在右下角绘制一个描边宽度为 1 点的三角形框，效果如图 4-76 所示。

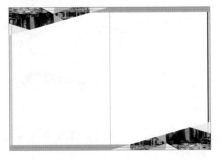
图 4-75

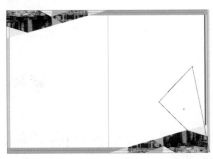
图 4-76

步骤 12 使用 (椭圆工具) 绘制一个黑色正圆，设置"不透明度"为20%，效果如图4-77所示。

步骤 13 执行菜单"对象/变换/缩放"命令，打开"缩放"对话框，设置"X缩放"和"Y缩放"都为70%，单击"复制"按钮，效果如图4-78所示。

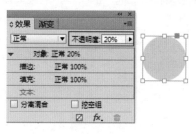
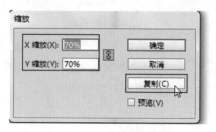

图 4-77 　　　　　　　　　　　　　图 4-78

步骤 14 执行菜单"对象/再次变换/再次变换"命令或按Ctrl+Alt+4快捷键两次，效果如图4-79所示。

步骤 15 框选所有正圆，按Ctrl+G快捷键将其编组，再将编组后的图形移动到三角形框上，复制一个副本并移动位置，效果如图4-80所示。

步骤 16 使用 (钢笔工具) 绘制一个三角形框。复制正圆，使用 (直接选择工具) 直接选择编组中的最小正圆，将其填充"白色"，效果如图4-81所示。

图 4-79

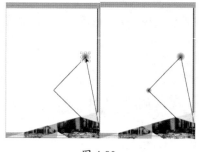
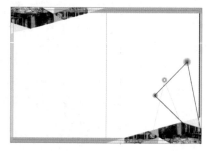

图 4-80 　　　　　　　　　　　　　图 4-81

步骤 17 使用同样方法复制其他的三角框和正圆，效果如图4-82所示。

步骤 18 使用 (钢笔工具) 绘制一个三角形，使用 (渐变工具) 填充线性渐变，效果如图4-83所示。

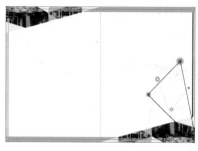
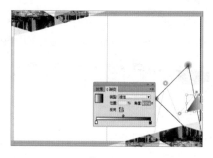

图 4-82 　　　　　　　　　　　　　图 4-83

步骤 19 选择三角形和正圆，按Ctrl+G快捷键将其编组，复制一个副本，缩小后移动位置，效果如图4-84所示。

步骤 20 执行菜单"文件 / 置入"命令，置入随书附带的"素材 \04\logo.ai"素材，调整 Logo 的大小和位置，效果如图 4-85 所示。

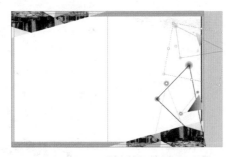
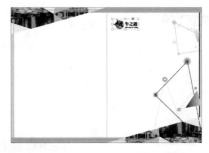

图 4-84　　　　　　　　　　　　　　图 4-85

步骤 21 使用 ◯（椭圆工具）绘制一个黑色椭圆，使用 ✂（剪刀工具）将椭圆进行分割，将上半部分填充"灰色"，再将其向上移动，效果如图 4-86 所示。

步骤 22 选择分割后的椭圆，将其移动位置并进行旋转，效果如图 4-87 所示。

图 4-86

步骤 23 使用 T（文字工具）输入文字，效果如图 4-88 所示。

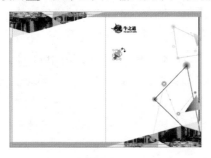
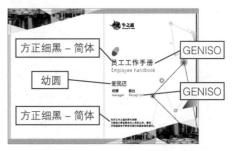

图 4-87　　　　　　　　　　　　　　图 4-88

步骤 24 复制一个三角形和正圆编组图形的副本，将前其移动到第 2 页上，调整大小和位置，效果如图 4-89 所示。

步骤 25 在第 2 页上输入文字，置入二维码和条码，效果如图 4-90 所示。

图 4-89　　　　　　　　　　　　　　图 4-90

步骤 26 此时发现工作手册上有颜色，下面将颜色都变为灰度效果。方法是使用 ▢（矩形工具）绘制一个与出血线大小一致的白色矩形，设置混合模式为"饱和度"，此时发现颜色都变成了灰度效果，如图 4-91 所示。

步骤27 至此本例制作完成，效果如图 4-92 所示。

图 4-91   图 4-92

实例24　更改链接制作画册内页

实例思路

　　在实际工作中，通常一个文件包含很多输入的图像，InDesign 提供的"链接"面板可以有效地管理这些图像。对于一个置入 InDesign 出版物的图像来说，它既可以存储一个完全的复制件，又可以只存储一个低分辨率的屏幕显示样本。存储在 InDesign 中的链接图像，不是完全的复制件，而是屏幕显示样本。这样可以大大减小文档的容量，节省磁盘空间，并减少 InDesign 的运行时间。本例通过"置入"命令置入多个素材，调整大小后进行位置上的布局，使用 T （文字工具）输入文字后设置不同文字大小和字体，置入的段落文本设置成两栏，具体制作流程如图 4-93 所示。

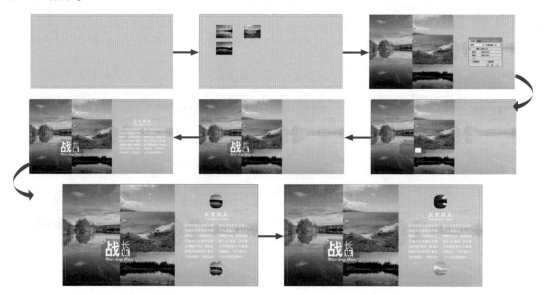

图 4-93

版面布局

本例是按左图右文的经典排版模式进行排版布局的。左面有三张图片，根据图片的类型，将其平铺在整个文档左面，在图片上绘制矩形形成"花式"效果，调整不透明度后输入文字；右侧的文字部分以居中对齐的方式进行布局，这样的排版会让整体看起来稳健、突出，如图4-94所示。

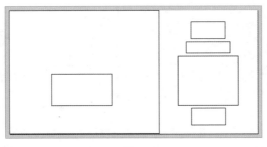

图 4-94

实例要点

- 新建文档
- 使用"置入"命令置入多个图像
- 使用选择工具调整图文框和图像
- 使用文字工具输入文字

- 为段落文本设置成两栏
- 使用"路径查找器"面板转换形状
- 调整"链接"面板中的链接

操作步骤

步骤01 启动 Indesign CC 软件，新建空白文档，设置"页数"为1、"宽度"为185毫米、"高度"为90毫米，设置"出血"为3毫米，单击"边距和分栏"按钮，在弹出的"新建边距和分栏"对话框中，设置"边距"为0毫米，设置完成单击"确定"按钮，新建文档如图4-95所示。

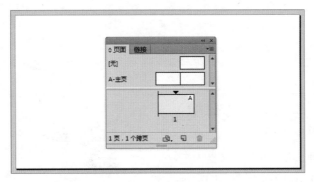

图 4-95

步骤02 使用 ▣（矩形工具）绘制一个与出血线大小一致的灰色矩形，如图4-96所示。

步骤 03 执行菜单"文件 / 置入"命令，在打开的"置入"对话框中，按住 Ctrl 键选择 3 个素材，如图 4-97 所示。

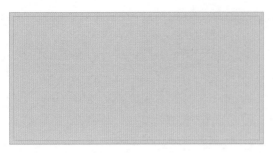

图 4-96

图 4-97

步骤 04 选择完成后单击"打开"按钮，在页面中按住鼠标拖曳，拖出置入的图文框后，在不松开鼠标的前提下按方向键，将图文框设置成 2 行、2 列，效果如图 4-98 所示。

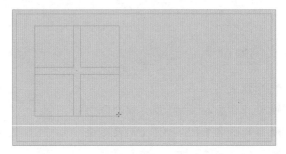

图 4-98

技巧：在"置入"对话框中选择多个素材后，可以将其都置入到文档中。如果想将置入的多个素材进行规则排列的话，只要拖曳鼠标后不松开鼠标的同时按方向键，就可以编辑插入框，按向上键可以增加行数，按向下键可以减少行数；按向右键可以增加列数，按向左键可以减少列数，如图 4-99 所示。

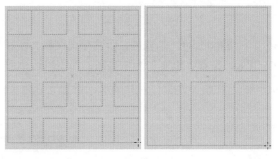

图 4-99

步骤 05 松开鼠标后，可以将选择的素材置入到文档中，效果如图 4-100 所示。

步骤 06 使用 ▶ （选择工具）调整图文框大小，再使用 ▷ （直接选择工具）单击置入的素材，调整图像在图文框中的大小，效果如图 4-101 所示。

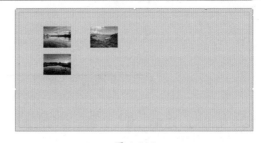

图 4-100

图 4-101

步骤 07 复制最左侧的图像素材，将其向右移动，调整图文框的大小，再设置"不透明度"为 11%，效果如图 4-102 所示。

图 4-102

步骤 08 使用 □（矩形工具）绘制一个红色矩形，设置"不透明度"为 41%，效果如图 4-103 所示。

步骤 09 执行菜单"对象 / 角选项"命令，打开"角选项"对话框，其中的参数值设置如图 4-104 所示。

图 4-103　　　　　　　　　　　　　　　　　　　图 4-104

步骤 10 设置完成单击"确定"按钮，使用 □（矩形工具）绘制一个白色矩形，效果如图 4-105 所示。

步骤 11 使用 T（文字工具）输入文字，为文字设置合适的字体和大小，效果如图 4-106 所示。

图 4-105　　　　　　　　　　　　　　　　　　　图 4-106

步骤⑫ 执行菜单"文件 / 置入"命令，置入随书附带的"素材 \04\ 长焦 .txt"文本，设置字体为"微软雅黑"、字体大小为 8 点、行距为 14 点，将文字填充"白色"，效果如图 4-107 所示。

步骤⑬ 执行菜单"对象 / 文本框架选项"命令，打开"文本框架选项"对话框，在其中设置"栏数"为 2，其他参数不变，效果如图 4-108 所示。

图 4-107

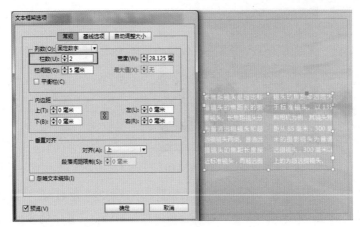

图 4-108

步骤⑭ 设置完成单击"确定"按钮，使用 Ｔ （文字工具）在段落文本上面输入白色文字，效果如图 4-109 所示。

图 4-109

步骤⑮ 复制左侧的素材，将其拖曳到右侧，调整框架大小和素材大小，效果如图 4-110 所示。

步骤⑯ 在"路径查找器"面板中单击 （转换为圆角矩形）按钮，效果如图 4-111 所示。

步骤⑰ 复制圆角矩形，将副本向下移动，效果如图 4-112 所示。

步骤⑱ 执行菜单"窗口 / 链接"命令，打开"链接"面板，在文档中选择一个圆角矩形素材，此时会自动在"链接"面板中看到选择的图像，效果如图 4-113 所示。

图 4-110

图 4-111

图 4-112

图 4-113

其中的各项含义如下。

● ᴳᴼ（重新链接）：为当前选择的素材进行重新链接。

● ᴬ（转到链接）：单击此按钮，可以在文档中找到图像位置。

● ᴼ（更新链接）：将当前内容进行链接的更新。

● ✎（编辑原稿）：在源文件的编辑软件中进行重新编辑。

步骤⑲ 单击 ᴳᴼ（重新链接）按钮，在弹出的"重新链接"对话框中选择用来替换的素材，单击"打开"按钮，完成替换，效果如图 4-114 所示。

图 4-114

> **技巧：** 使用"置入"命令放置文本和图像，InDesign 都能自动地把外部文件和内部元素链接起来。

> **技巧**：如果觉得许多文件和图像位于多个电脑中进行查看不方便，我们可以将文件或图像嵌入到文档中。嵌入一个文件，可以将文件存储在出版物中，但是嵌入后会增大出版物的存储容量，而且出版物中的嵌入文件也不再随外部原文件的更新而更新。

> **技巧**：在"链接"面板中选中某个需要嵌入的文件后，然后选择面板菜单中的"嵌入链接"命令，即可将所选的文件嵌入到当前出版物中。在完成嵌入的文件名的后面会显示嵌入图标，如图 4-115 所示。

图 4-115

步骤 20 使用同样的方法将下面图像也进行替换，至此本例制作完成，效果如图 4-116 所示。

图 4-116

本章练习与习题

练习

置入素材，通过"剪切路径"命令为素材抠图。

习题

1. 在 InDesign 中，"剪切路径"对话框中的"类型"下拉列表中包含哪几个命令（   ）？

　　A. 检测边缘　　　　B. Alpha 通道　　　　C. Photoshop 路径　　　D. 用户修改的路径

2. 在"对象图层选项"对话框中，如果图层过多，不知道应该隐藏哪个图层的话，大家可以在哪个软件中将图层记住，之后再在"对象图层选项"对话框中选择需要隐藏的图层（   ）？

　　A. Photoshop　　　　B. CorelDRAW　　　　C. Illustrator　　　　D. Flash

3. 在 Adobe InDesign 中，可以通过以下哪个命令将复制的图像放置到指定的图形中（   ）？

　　A. 原位粘贴　　　　B. 贴入内部　　　　C. 粘贴　　　　　D. 剪切

第5章

布局与对象编辑的应用

InDesign 是非常专业的排版软件，在布局元素时非常方便，对象的编辑能力也非常出众，用户能方便快捷地应用或查看图像。

本章内容

▶▶ 通过文本绕排制作宣传展示图　　　　▶▶ 通过变换对象制作工作卡
▶▶ 使用文字围绕位图制作宣传展示图
▶▶ 通过"创建轮廓"命令将图像放置到文字内部

实例 25　通过文本绕排制作宣传展示图

（实例思路）

InDesign 提供了多种图文绕排的方法，灵活地使用图文绕排方法，可以制作出丰富的版式效果。要实现图文绕排，必须把文本框设定为可以绕排，否则任何绕排方式对该文本框都不会起作用。本例使用▣（矩形工具）和⬭（椭圆工具）绘制图形，再通过 T.（文字工具）输入文字并调整大小和位置，最后通过"置入"命令将文本置入，通过"文本绕排"面板设置文字与图形之间的绕排效果，具体制作流程如图 5-1 所示。

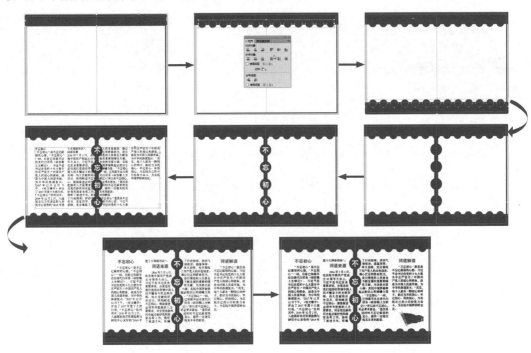

图 5-1

版面布局

本例中的布局是垂直中带有水平分布的排列方式，通过设置"文本框架选项"对话框来水平分布置入的文字，通过"文本绕排"面板进行整体的文字与图形之间的混排，如图 5-2 所示。

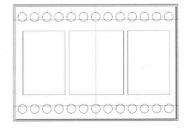

图 5-2

（实例要点）

▶▶ 新建文档　　　　　　　　　　▶▶ 使用椭圆工具绘制正圆

▶▶ 使用矩形工具绘制矩形　　　　▶▶ 通过"字符"面板设置文字

▶▶ 通过"段落"面板设置段落文字 　　▶▶ 通过"文本绕排"面板设置图文混排

▶▶ 通过"文本框架选项"对话框设置分栏 　　▶▶ 通过"置入"命令置入素材

(**操作步骤**) -

步骤 01 启动软件,设置"页数"为 2、"起始页码"为 2,勾选"对页"复选框,设置"宽度"为 110 毫米、"高度"为 150 毫米,设置"出血"为 3 毫米,单击"边距和分栏"按钮,在弹出的"新建边距和分栏"对话框中,设置"边距"为 0 毫米,设置完成单击"确定"按钮,新建文档如图 5-3 所示。

步骤 02 使用▣(矩形工具)在第 2-3 页的顶部绘制一个红色矩形,如图 5-4 所示。

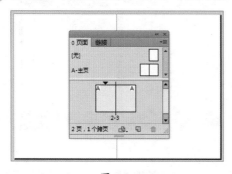

图 5-3　　　　　　　　　　　　　　　　图 5-4

步骤 03 使用▢(椭圆工具)在矩形下方绘制一个红色正圆。复制多个红色正圆,将其全部选取后单击"对齐"面板中的▣(顶对齐)按钮和▣(按左分布)按钮,效果如图 5-5 所示。

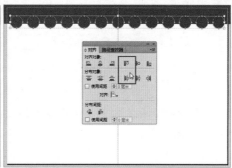

图 5-5

其中的各项含义如下。

● 左对齐:可以将选取的对象按左边框进行对齐。

● 水平居中对齐:可以将选取的对象按水平方向居中进行对齐。

● 右对齐:可以将选取的对象按右边框进行对齐。

● 顶对齐:可以将选取的对象按顶边进行对齐。

● 垂直居中对齐:可以将选取的对象按垂直方向居中进行对齐。

● 底对齐:可以将选取的对象按底边进行对齐。

- 按顶分布：可以将选取的对象按顶部对象为基准，均匀分布所选对象。
- 垂直居中分布：可以将选取的对象按垂直方向为基准，均匀分布所选对象。
- 按底分布：可以将选取的对象按底部对象为基准，均匀分布所选对象。
- 按左分布：可以将选取的对象按左部对象为基准，均匀分布所选对象。
- 水平居中分布：可以将选取的对象按水平方向为基准，均匀分布所选对象。
- 按右分布：可以将选取的对象按右部对象为基准，均匀分布所选对象。

步骤 04 使用 ▶ (选择工具) 框选矩形和正圆，复制一个副本向下移动，单击属性栏中的 ⬚ (垂直翻转) 按钮，效果如图 5-6 所示。

步骤 05 使用 ▢ (矩形工具) 在 2-3 页中间绘制一个红色的矩形，效果如图 5-7 所示。

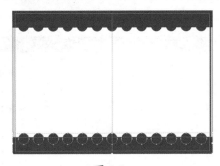

图 5-6

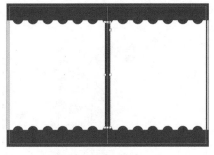

图 5-7

步骤 06 使用 ⬭ (椭圆工具) 在矩形上绘制 4 个大一点的正圆，效果如图 5-8 所示。

步骤 07 使用 T (文字工具) 在 4 个大圆上分别输入文字，设置字体为"文鼎 CS 大黑"、字体大小为 30 点，效果如图 5-9 所示。

步骤 08 执行菜单"文件 / 置入"命令，置入随书附带的"素材 \05\ 不忘初心 .txt"文本，在页面中拖曳，将文字放置到页面中。为了编辑方便，按 Ctrl+Shift+[快捷键，把置入的文本调整到最后面，效果如图 5-10 所示。

图 5-8

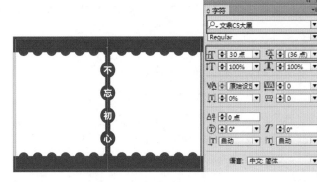

图 5-9

图 5-10

步骤⑨ 执行菜单"对象 / 文本框架选项"命令，打开"文本框架选项"，在其中设置"栏数"为 4，其他参数不变，效果如图 5-11 所示。

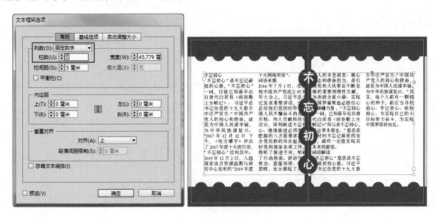

图 5-11

步骤⑩ 设置完成单击"确定"按钮，在"段落"面板中，设置首行左缩进为 10 毫米、段前间距为 1 毫米、段后间距为 1 毫米，效果如图 5-12 所示。

步骤⑪ 使用 T.（文字工具）选择每段前的文字，设置文字的字体为"文鼎 CS 大黑"、字体大小为 18 点，再为文字颜色填充红色，效果如图 5-13 所示。

步骤⑫ 分别选择中间的矩形和正圆，执行菜单"窗口 / 文本绕排"命令，打开"文本绕排"面板，单击 ■（沿对象形状绕排）按钮，设置 4 个边的"位移"都为 2 毫米，效果如图 5-14 所示。

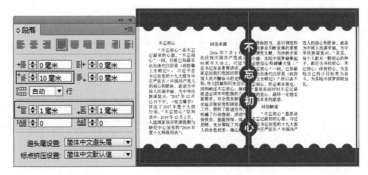

图 5-12

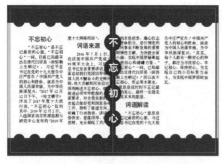

图 5-13   图 5-14

其中的各项含义如下。

● ▣（无文本绕排）：默认状态下，文本与图形、图像之间的排绕方式为无文本绕排。如果需要将其他绕排方式更改为"无文本绕排"，那么在"文本绕排"面板中单击"无文本绕排"按钮即可。

● ▣（沿界定框绕排）：沿定界框绕排时，无论页面中的图像是什么形状，都使用该对象的外接矩形框来进行绕排操作。选中图像后，在"文本绕排"面板中单击"沿定界框绕排"按钮来进行沿定界框绕排。

● ▣（沿对象形状绕排）：当在文本中插入了不规则的图形或图像以后，如果要使文本能够围绕不规则的外形进行绕排，可以在选中图像后，在"文本绕排"面板中单击"沿对象形状绕排"按钮来使文本围绕对象形状进行绕排。

● ▣（上下型绕排）：该绕排方式指的是文字只出现在图像的上下两侧，在图像的左右两边均不排文。

● ▣（下型绕排）：选中图像后，在"文本绕排"面板中单击"下型绕排"按钮进行下型绕排，则文本遇到选中图像时会跳转到下一栏进行排文，即在本栏的该图像下方不再排文。

● 反转：指对绕图像或路径排文时是否反转路径。

● 位移：用于设置绕图像排文时文字离所环绕对象的距离。图文绕排时，图文之间的间距的默认值为没有间隙，可以通过更改面板中的 ▤（上位移）、▤（下位移）、▤（左位移）和 ▤（右位移）数值框中的数值来达到调整图文间距的目的。

● 绕排选项：用来控制文本绕排的位置。

● 轮廓选项：用来控制文本绕图的类型。

> **技巧**：应用文本绕排后，两个文本之间是不能重叠的。若重叠在一起，会将其中的一个文本隐藏到文本框内。

步骤⑬ 选择"不""忘""初""心"这几个字，将其先拖曳到文档外面，将文字显示出来。执行菜单"文字/创建轮廓"命令，将文字变为矢量图形，再将其移动到之前的位置上，效果如图 5-15 所示。

> **技巧**：在默认状态下，文本框是可以绕排的；如果不能绕排，则应当进行相应的设置。设置方法为选中此文本框，选择"对象 / 文本框架选项"命令，打开"文本框架选项"对话框，取消选中最左下角的"忽略文本绕排"选项。

步骤14 执行菜单"文件 / 置入"命令，置入"素材 \05\ 红旗 .png"素材，调整大小和位置，至此本例制作完成，效果如图 5-16 所示。

图 5-15

图 5-16

> **技巧**：文本内连图形或图像是一种特殊的图文关系，这种图像处理起来与一般字符一样，可以随着字符的移动一起移动，但对其不能设置绕排方式，如图 5-17 所示。

图 5-17

实例 26　使用文字围绕位图制作宣传展示图

（实例思路） --

对没有背景的图像在 InDesign 中同样可以设置文本绕图，使文本围绕图像边缘。本例通过"置入"命令置入素材后，在上面使用 **T.**（文字工具）输入文字以及置入文本，通过"文本绕排"面板进行绕图设置，具体制作流程如图 5-18 所示。

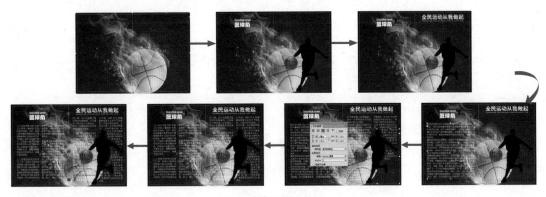

图 5-18

版面布局

本例以 4-5 页作为一个整体，将内容分别放置到左右两侧，设置分栏后，分别将左右两边的内容设置成水平居中对齐，再为文本和图像设置文本绕排，如图 5-19 所示。

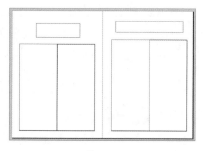

图 5-19

实例要点

▶ 新建文档

▶ 使用"置入"命令置入素材

▶ 使用文字工具输入文字

▶ 为段落文本设置分栏

▶ 使用直线工具绘制直线并设置"样式"为圆点

▶ 通过"字符"面板设置文字

▶ 通过"段落"面板设置段落文字

▶ 通过"文本绕排"面板设置文本绕排

▶ 使用椭圆工具绘制正圆

操作步骤

步骤01 在上一案例的基础上，单击 🔲（新建页面）按钮两次，新建 4-5 页，如图 5-20 所示。

其中的各项含义如下。

● 🔲（编辑页面大小）：单击可以在下拉菜单中重新定义当前页的大小，也可以在下拉菜单中选择"自定"，自行设置"宽度"与"高度"。

● 🔲（新建页面）：单击可以在当前文档中新建一个页面。

● 🔲（删除选择页面）：单击可以将当前选择的页面删除。

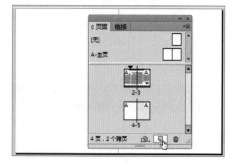

图 5-20

> **技巧**：执行菜单"文件 / 文档设置"命令，在弹出的"文档设置"对话框中，可以重新设置页面大小和页数。

步骤02 执行菜单"文件 / 置入"命令，置入随书附带的"素材 \05\ 篮球背景 .jpg"素材，使用 🔧（选择工具）调整图像大小和图文框的大小，效果如图 5-21 所示。

步骤03 执行菜单"文件 / 置入"命令，置入随书附带的"素材 \05\ 篮球 .png"素材，将素材放置到右下角，效果如图 5-22 所示。

步骤04 使用 🔲（文字工具）在左上角处输入白色文字，设置英文字体为 Haettenschweiler、中文字体为"迷你简胖娃"，为中文字设置一个红色的描边，效果如图 5-23 所示。

步骤 05 复制一个篮球素材,将其缩小后移动到文字的后面。执行菜单"对象 / 效果 / 外发光"命令,打开"效果"对话框,其中的参数值如图 5-24 所示。

图 5-21

图 5-22

图 5-23

图 5-24

步骤 06 设置完成单击"确定"按钮,效果如图 5-25 所示。

步骤 07 使用 T.(文字工具)在左上角处输入白色文字,中文字体为"文鼎 CS 大黑",为中文字设置一个红色的描边,设置英文字体为 Arial,效果如图 5-26 所示。

图 5-25

图 5-26

步骤 08 执行菜单"文件 / 置入"命令,置入随书附带的"素材 \05\ 篮球说明 .txt"文本,在页面中拖曳鼠标,将文本放置到文档页面左侧,效果如图 5-27 所示。

步骤 09 使用鼠标指针在文本框的右下角的红色十字上单击,将溢出的文字复制出来,在文档的右侧拖曳鼠标将文档拖出,效果如图 5-28 所示。

图 5-27

图 5-28

步骤10 执行菜单"对象 / 文本框架选项"命令，打开"文本框架选项"对话框，在其中设置"栏数"为 2，其他参数不变。选择右侧的篮球素材，在"文本绕排"面板中，单击 ▣（沿对象形状绕排）按钮，设置"位移"为 2 毫米，设置"绕排至"为"左侧和右侧"，设置"类型"为"Alpha 通道"，如图 5-29 所示。

> **技巧：** 如果置入的图像是在 InDesign 中通过"检测边缘"命令去除背景的，若要让文本沿图像边缘围绕，只要在"类型"中选择"与剪切路径相同"或"检测边缘"选项即可。

步骤11 在"段落"面板中，设置段前间距为 4 毫米、首字下沉行数为 2，效果如图 5-30 所示。

图 5-29   图 5-30

> **技巧：** 在文本框上添加锚点后，通过 ▨（直接选择工具）调整锚点，同样会出现绕图效果，如图 5-31 所示。
>
>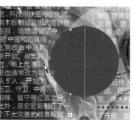
>
> 图 5-31

步骤⑫ 使用 **T**.（文字工具）选择段落的首字，将颜色设置为红色，效果如图 5-32 所示。

图 5-32

步骤⑬ 此时宣传展示也就算制作完成了，但是感觉整个内容没有区分开，下面就绘制一些小圆。可以通过 ◎（椭圆工具）绘制正圆或使用 ✎（直线工具）绘制红色字线，设置"样式"为"圆点"，将内容区分开，效果如图 5-33 所示。

图 5-33

实例 27 通过"创建轮廓"命令将图像放置到文字内部

（**实例思路**）--

在 InDesign 中输入的文字，是不具有图形特性的，但是通过"创建轮廓"命令可以将输入的文字转换成图形，此时已不具有文字特性。本例通过 ▢（矩形工具）、◎（椭圆工具）和 ✎（直线工具）绘制图形和直线，使用"置入"命令将素材置入到图形内部，通过 ✂（剪刀工具）将图形分割，使用 **T**.（文字工具）输入文字后应用"创建轮廓"命令，将其通过"置入"命令放置到文字图形内部，具体制作流程如图 5-34 所示。

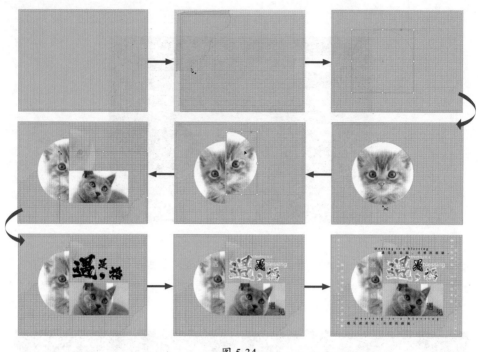

图 5-34

版面布局

　　本例中的主体部分是按照中心圆点外散的方式进行排版的，按照图形的视觉在外围用文字和简易的图形进行布局的点缀，如图 5-35 所示。

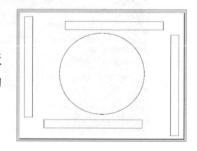

图 5-35

实例要点

▶▶ 新建文档
▶▶ 使用矩形工具绘制矩形
▶▶ 使用直线工具绘制直线
▶▶ 使用椭圆工具绘制正圆

▶▶ 置入素材
▶▶ 使用剪刀工具分割图形
▶▶ 设置混合模式和不透明度
▶▶ 输入文字

操作步骤

步骤01 启动 Indesign CC 软件，新建空白文档，设置"页数"为1、"宽度"为180毫米、"高度"为135毫米，设置"出血"为3毫米，单击"边距和分栏"按钮，在弹出的"新建边距和分栏"对话框中，设置"边距"为"0毫米"，设置完成单击"确定"按钮，新建文档如图 5-36 所示。

步骤 02 使用 (矩形工具) 沿出血线绘制一个 "C:45，M:3，Y:60，K:0" 颜色的矩形，效果如图 5-37 所示。

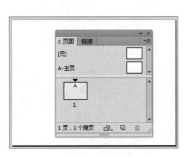

图 5-36　　　　　　　　　　　　　　图 5-37

步骤 03 使用 (直线工具) 绘制水平和垂直的灰色直线，效果如图 5-38 所示。

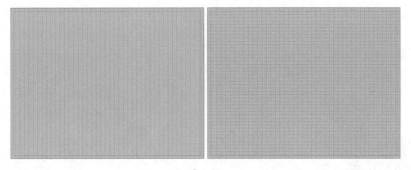

图 5-38

> **技巧**：绘制直线后复制一个合适间距的副本，按 Ctrl+Alt+4 快捷键，可快速复制同等间距的多个副本。

步骤 04 使用 (钢笔工具) 绘制一个 "C:0，M:44，Y:0，K:0" 颜色的封闭图形，如图 5-39 所示。

步骤 05 复制一个副本，单击属性栏中的 (水平翻转) 按钮和 (垂直翻转) 按钮，将副本移动到右下角，再将副本缩小，效果如图 5-40 所示。

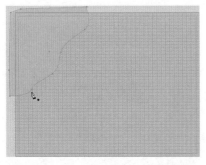

图 5-39　　　　　　　　　　　　　　图 5-40

步骤 06 使用 (椭圆工具) 绘制一个正圆，如图 5-41 所示。

步骤07 执行菜单"文件 / 置入"命令，置入随书附带的"素材 \05\ 小猫 2.jpg"素材，将素材置入到正圆内部，使用 ▶ （直接选择工具）调整小猫在正圆内部的大小，效果如图 5-42 所示。

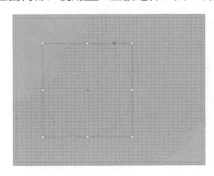

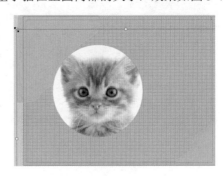

图 5-41   图 5-42

步骤08 使用 ✂ （剪刀工具）在小猫的正圆上进行分割，效果如图 5-43 所示。

步骤09 使用 ▶ （选择工具）选择分割后的图形，移动位置，再去掉图形的描边，效果如图 5-44 所示。

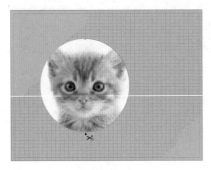

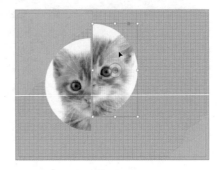

图 5-43   图 5-44

步骤10 选择右半部分图形，调整大小后，在"效果"面板中设置"不透明度"为 20%，效果如图 5-45 所示。

步骤11 使用 ▣ （矩形工具）绘制一个矩形，执行菜单"文件 / 置入"命令，置入随书附带的"素材 \05\ 小猫 .jpg"素材，将素材置入到矩形内部，使用 ▶ （直接选择工具）调整小猫在矩形内部的大小，效果如图 5-46 所示。

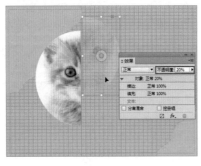

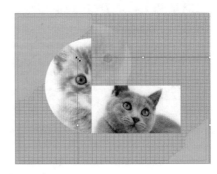

图 5-45   图 5-46

步骤⑫ 使用 （矩形工具），在矩形小猫上绘制一个绿色矩形，设置混合模式为"正片叠底"、"不透明度"为 43%，效果如图 5-47 所示。

步骤⑬ 复制两个矩形副本，向右移动位置，再选择中间的矩形，将其填充为黑色，效果如图 5-48 所示。

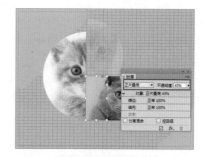

图 5-47

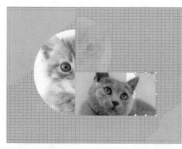 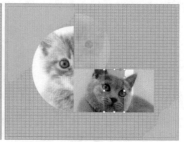

图 5-48

步骤⑭ 使用 （钢笔工具）在另一只小猫上绘制一个青色的封闭图形，设置混合模式为"正片叠底"，设置"不透明度"为 46%，效果如图 5-49 所示。

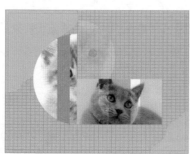 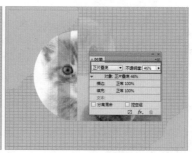

图 5-49

步骤⑮ 使用 （文字工具）在文档中输入文字，设置字体为"Ohhige115"，字体大小根据图形自行调整，效果如图 5-50 所示。

步骤⑯ 选择文字后，执行菜单"文字 / 创建轮廓"命令，将输入的文字转换成矢量图形，效果如图 5-51 所示。

图 5-50   图 5-51

步骤⑰ 选择"遇，"字，执行菜单"文件 / 置入"命令，置入随书附带的"素材 \05\ 小猫 2.jpg"素材，将素材置入到文字图形内部，使用 ▶ （直接选择工具）调整小猫在文字图形内部的大小，效果如图 5-52 所示。

> **技巧：** 复制图像后，选择文字图形，再执行菜单"编辑 / 贴入内部"命令，同样可以将素材放置到文字图形内部。

步骤⑱ 再分别选择"是"字和"福"字，分别执行菜单"文件 / 置入"命令，置入随书附带的"素材 \05\ 小猫 .jpg"素材，将素材置入到文字图形内部，使用 ▶ （直接选择工具）调整小猫在文字图形内部的大小，效果如图 5-53 所示。

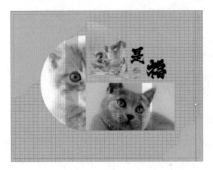

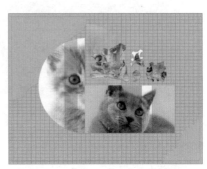

图 5-52   图 5-53

步骤⑲ 分别为文字设置"白色"描边和"黑色"描边，"粗细"设置为 2 点，效果如图 5-54 所示。

步骤⑳ 使用 T（文字工具）输入英文和中文，英文字体为 Arial、中文字体为"Adobe 宋体 Std"，效果如图 5-55 所示。

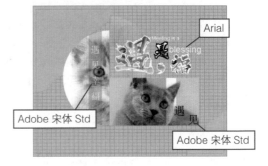

图 5-54   图 5-55

步骤㉑ 使用 T（文字工具）输入英文和中文，设置字体为"Adobe 宋体 Std"、字体大小为 12 点、"字符间距"为 1000，效果如图 5-56 所示。

步骤㉒ 复制几个文字副本，调整位置和颜色，再将其中的几个副本进行 90°旋转，效果如图 5-57 所示。

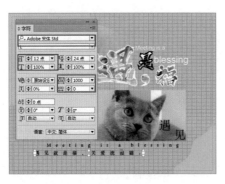

图 5-56 图 5-57

实例 28 通过变换对象制作工作卡

实例思路

对于绘制后的图形可以通过"变换"命令来进行"缩放""旋转""斜切"等变换操作，应用"变换"命令中的"复制"按钮，可以快速地进行变换复制。本例通过 ▣（矩形工具）和 ▣（椭圆工具）绘制矩形和椭圆，使用 ✂（剪刀工具）将椭圆进行分割，通过 ✐（钢笔工具）绘制图形，使用 ▣（渐变工具）编辑渐变色，通过"旋转"命令将图形进行复制，再为图形应用"贴入内部"命令将其放置到矩形内，使用 T（文字工具）输入文字后设置不同文字大小和字体，具体制作流程如图 5-58 所示。

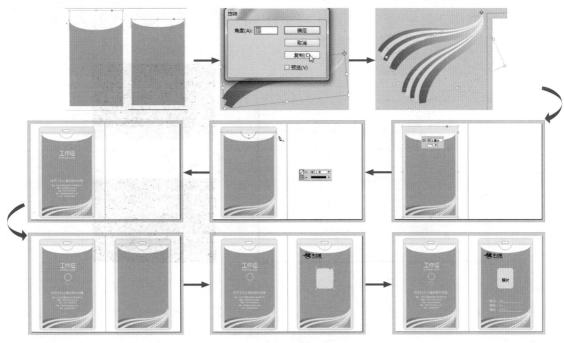

图 5-58

版面布局

本例中的布局是传统的从上向下方式进行排列，排列过程中运用的是水平居中对齐，如图 5-59 所示。

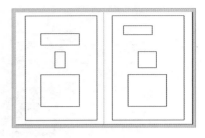

图 5-59

实例要点 ---

▶▶ 新建文档
▶▶ 使用矩形工具绘制矩形
▶▶ 使用椭圆工具绘制椭圆
▶▶ 使用"旋转"对话框对图形进行旋转复制

▶▶ 使用"贴入内部"命令将图形放置到图形中
▶▶ 使用文字工具输入文字
▶▶ 使用剪刀工具分割图形
▶▶ 使用钢笔工具绘制图形

操作步骤 ---

步骤 01 启动 Indesign CC 软件，新建空白文档，设置"页数"为2，设置"起始页码"为2，勾选"对页"复选框，设置"宽度"为80毫米、"高度"为100毫米，设置"出血"为3毫米，单击"边距和分栏"按钮，在弹出的"新建边距和分栏"对话框中，设置"边距"为0毫米，设置完成单击"确定"按钮，新建文档如图 5-60 所示。

步骤 02 选择 ▣（矩形工具）后在页面中单击，打开"矩形"对话框，设置"宽度"与"高度"后，单击"确定"按钮，效果如图 5-61 所示。

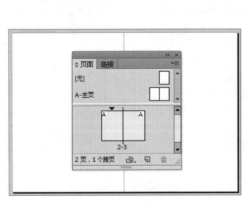

图 5-60

图 5-61

提示：工作卡标准尺寸是 85.5mm×54mm(也是卡的国际标准)，大一点有 70mm×
100mm，现在每个公司可以根据自身需要定做证卡尺寸的大小，随身携带。常
规尺寸有：86mm×54mm，90mm×54mm，100mm×70mm，120mm×80mm，
130mm×90mm，140mm×100mm。产品厚度有：常规厚度 0.76mm，加厚 1.15mm。
佩戴方式有：挂绳，卡夹，别针。制作工艺有：采用全新高品质 PVC 板材作
为卡基，配合高温层压机、压膜机等设备制作而成。非常规尺寸，通常只能制
作模具或采用激光切割而成。因此在设计时，要考虑实际大小。

步骤 03 将矩形填充为"灰色"，使用 ◯（椭圆工具）
在矩形顶端绘制一个白色椭圆，使用 ✂（剪刀
工具）将椭圆分割，删除上半部分，效果如图 5-62
所示。

步骤 04 使用 ✒（钢笔工具）绘制一个封闭图形，
使用 ◼（渐变工具）为其填充渐变色，效果如
图 5-63 所示。

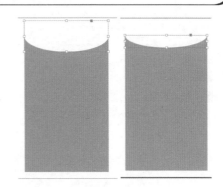

图 5-62

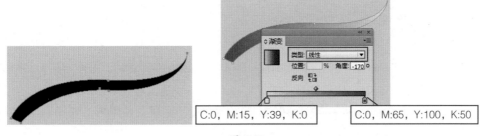

图 5-63

技巧：在工具箱中双击 ◼（渐变工具），会弹出"渐变"面板。

步骤 05 使用 ◔（旋转工具）调整旋转中心点，效果如图 5-64 所示。

步骤 06 执行菜单"对象 / 变换 / 旋转"命令，打开"旋转"对话框，设置"角度"为 3°，单击"复
制"按钮，会按照旋转中心点旋转复制一个副本，效果如图 5-65 所示。

步骤 07 按 Ctrl+Alt+4 快捷键 3 次，效果如图 5-66 所示。

步骤 08 选择倒数第 2 个图形，在"渐变"面板中设置渐变色，效果如图 5-67 所示。

步骤 09 选择第 2 个图形后，使用 ✐（吸管工具）在倒数第 3 个图形上点击，将渐变色进行复制，
效果如图 5-68 所示。

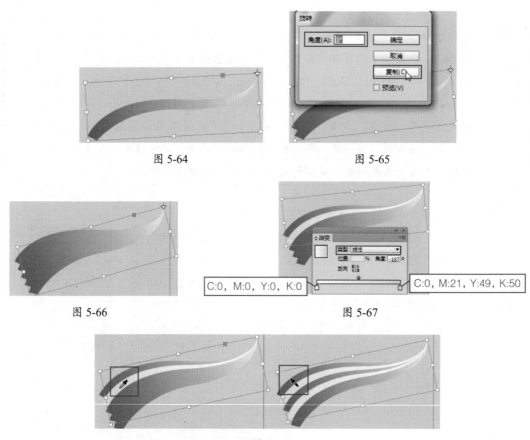

图 5-64   图 5-65

图 5-66   图 5-67

C:0, M:0, Y:0, K:0   C:0, M:21, Y:49, K:50

图 5-68

步骤⑩ 框选图形，按 Ctrl+G 快捷键将其编组，复制一个副本将其旋转，效果如图 5-69 所示。

步骤⑪ 框选图形，按 Ctrl+G 快捷键将其编组，按 Ctrl+X 快捷键将其剪切，选择灰色矩形，执行菜单"编辑 / 贴入内部"命令，将剪切的图形放置到矩形内部，使用 ▶ （选择工具）双击矩形内的图形，调整大小和位置，效果如图 5-70 所示。

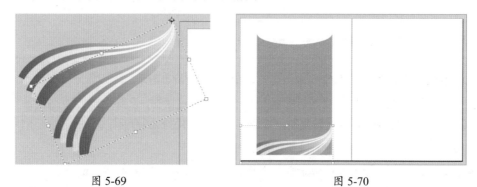

图 5-69   图 5-70

步骤⑫ 使用 ▣ （矩形工具）绘制一个黑色矩形，设置"不透明度"为 8%，按 Ctrl+Shift+[快捷键将其放置到最后，再设置边角为"圆角"、圆角值为 3 毫米，效果如图 5-71 所示。

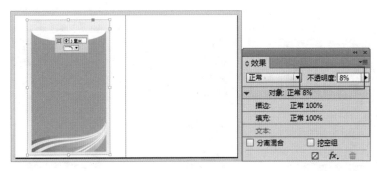

图 5-71

步骤 13 复制圆角矩形,设置填充为"无"、描边粗细为 4 点,设置"不透明度"为 8%,效果如图 5-72 所示。

步骤 14 使用 ✏ (钢笔工具) 绘制一个由曲线和直线构成的线条,设置描边粗细为 2 点、描边颜色为灰色,效果如图 5-73 所示。

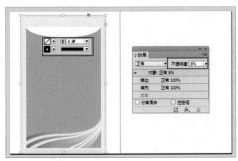

图 5-72

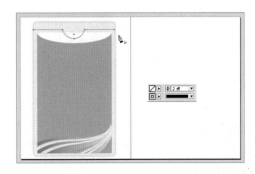

图 5-73

步骤 15 使用 ▭ (矩形工具) 绘制一个矩形,将其转换成圆角矩形后,设置填充色为"白色"、描边颜色为灰色、描边粗细为 1 点,效果如图 5-74 所示。

步骤 16 使用 T (文字工具) 在图形上输入白色文字,效果如图 5-75 所示。

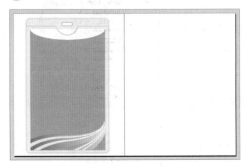

图 5-74

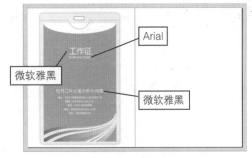

图 5-75

步骤 17 使用 ⬭ (椭圆工具) 绘制 3 个白色正圆框,此时工作卡的背面制作完成,效果如图 5-76 所示。

步骤 18 下面制作工作卡的正面。框选所有图形,复制一个副本,将其拖曳到右侧页面中,将图像中的文字和正圆删除,效果如图 5-77 所示。

 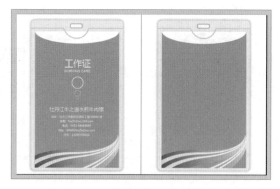

图 5-76　　　　　　　　　　　　　　图 5-77

步骤⑲ 执行菜单"文件 / 置入"命令，置入随书附带的"素材 \05\logo.ai"素材，使用 ▶（选择工具）调整素材的图文框，将素材放置到右侧页面的左上角，效果如图 5-78 所示。

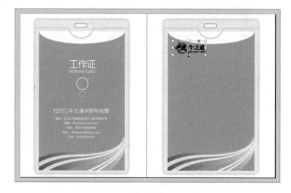

图 5-78

步骤⑳ 使用 ▢（矩形工具）绘制一个淡灰色的矩形，将其调整成圆角矩形，设置描边粗细为 0.5点、样式为"虚线"，效果如图 5-79 所示。

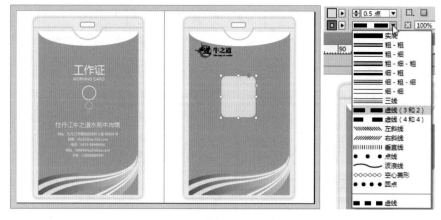

图 5-79

步骤㉑ 使用 T（文字工具）输入文字，效果如图 5-80 所示。

步骤㉒ 使用 ⁄（直线工具）绘制 3 条白色直线，至此本例制作完成，效果如图 5-81 所示。

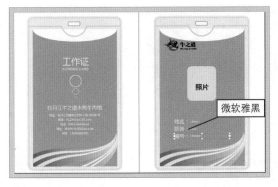

图 5-80

图 5-81

本章练习与习题

练习

练习文本绕排的各种操作。

习题

1. 在"文本绕排"面板中，包含以下哪几种绕图效果（　　）？

A. ▤（无文本绕排）　　　B. ▣（沿界定框绕排）　　　C. ▨（沿对象形状绕排）

D. ▤（上下型绕排）　　　E. ▤（下型绕排）

2. 要想将图像放置到文字内部，必须要对文字应用（　　）命令。

A. 创建轮廓　　　　　　B. 制表符　　　　　　　　C. 查找文字　　　　D. 路径文字

3. 在 Adobe InDesign 中，置于顶层的快捷键是（　　）。

A. Ctrl+Shift+[　　　　B. Ctrl+[　　　　　　　　C. Ctrl+]　　　　　D. Ctrl+Shift+]

第 6 章

排版操作的应用

　　在制作多页文档时，经常要反复对版面中的文字样式、段落样式、对象样式等内容进行设置。掌握排版功能的操作后，用户可以快速制作出风格统一、样式美观的版面效果。本章就通过一些案例让大家快速掌握这些功能。

本章内容

▶ 通过自动排文置入文本　　　　▶ 通过制表符制作目录

▶ 创建对象样式并应用　　　　　▶ 在文档中生成目录

▶ 创建段落样式并应用　　　　　▶ 使用插入表格制作课程表

▶ 创建字符样式并应用

实例 29　通过自动排文置入文本

实例思路

　　在 InDesign 中置入文档后，进行排文的方法很多，但是通过自动排文，可以将文本内容快速地全部置入到文档中。本例通过置入文档素材，结合按 Alt 键、Shift 键和按 Shift+Alt 键，对文档进行自动排文的置入，具体制作流程如图 6-1 所示。

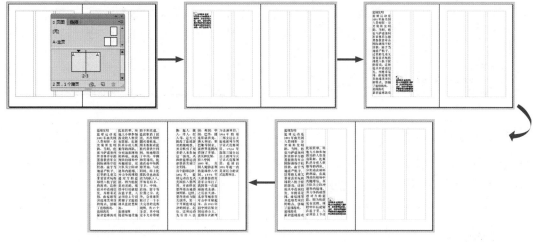

图 6-1

版面布局

　　本例中的布局以进行分栏的方式进行垂直排列，使内容全部应用到栏内部，如图 6-2 所示。

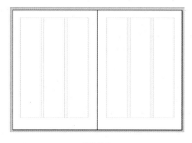

图 6-2

实例要点

▶ 新建文档

▶ 使用"置入"命令置入文本

▶ 通过按住 Alt 键置入文本

▶ 通过按住 Shift 键置入文本

▶ 通过按住 Shift+Alt 键置入文本

操作步骤

步骤 01 启动 Indesign CC 软件，新建空白文档，设置"页数"为 2，设置"起始页码"为 2，勾选"对页"复选框，设置"宽度"为110毫米、"高度"为150毫米，设置"出血"为3毫米，单击"边距和分栏"按钮，在弹出的"新建边距和分栏"对话框中，设置"边距"为"上：8毫米""下：10毫米""内：9毫米""外：7毫米"，设置"栏数"为3、"栏间距"为3毫米、"排版方向"为"水平"，设置完成单击"确定"按钮，如图6-3所示。

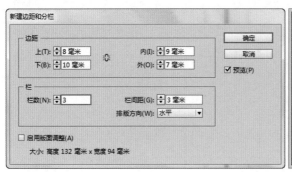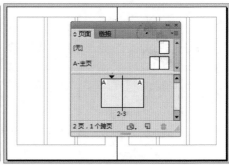

图 6-3

步骤02 执行菜单"文件/置入"命令，置入随书附带的"素材\06\篮球说明.txt"文本，当出现输入光标时，在页面的左上角处单击，可以看到文字被置入到了鼠标单击的那一栏中，置入后，当还有溢出文档内容时，文档左下角处会出现一个红色的十字，如图6-4所示。

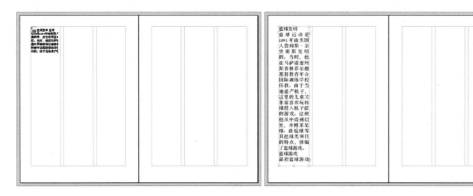

图 6-4

技巧：如果想让溢出文档继续在文档中其他位置显示，只要使用▶（选择工具）在溢出的红十字上单击，再移动鼠标指针到另一位置，单击鼠标就可以继续显示内容了。

步骤03 执行菜单"文件/置入"命令，再次置入随书附带的"素材\06\篮球说明.txt"文本，当出现输入光标时，按住Alt键的同时在页面的左上角处单击，可以看到文字被置入到了鼠标单击的那一栏中，置入后，当还有溢出文档内容时，文档置入光标还是处于可视状态，如图6-5所示。

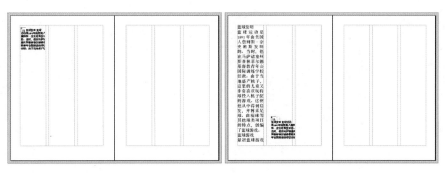

图 6-5

步骤 04 使用同样的方法再置入剩余文字或另外的文本，效果如图 6-6 所示。

> **技巧**：按住 Alt 置入文本的方法与手动直接置入文本的方法基本相同，不同的是这样可以一直保持为文字置入状态，直到全部内容置入为止。

步骤 05 按住 Shift 键的同时，在页面中单击鼠标，可以看到文字沿分栏参考线的位置进行自动排列，在当前页面无法显示全部内容时，系统会自动增加页面，用来完成剩余内容的排列。此时由于页面数量不够，根据文字数量的多少新增了一个页面，效果如图 6-7 所示。

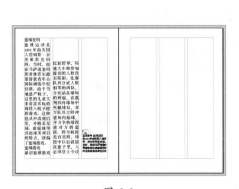

图 6-6

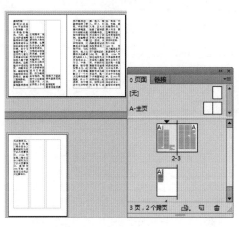

图 6-7

步骤 06 执行菜单 "文件 / 置入" 命令，再次置入随书附带的 "素材 \06\ 篮球说明 .txt" 文本，当出现输入光标时，按住 Shift+Alt 键的同时在页面中单击，可以看到文字被置入到了鼠标单击处向后的栏中。此时文本会自动按照当前的页面数量来进行置入文档，直到页面的底部，但是不会增加页面，效果如图 6-8 所示。

> **提示**：自动排文时不会受到标尺参考线的影响，能影响排文的只有分栏参考线。

步骤 07 删除新增加的页面，再删除所有内容。执行菜单 "文件 / 置入" 命令，再次置入随书附带的 "素材 \06\ 篮球说明 .txt" 文本，当出现输入光标时，按住 Shift 键的同时在页面左上角处单击，为其重新置入内容，效果如图 6-9 所示。

图 6-8 　　　　　　　　　　　　　　　　图 6-9

 实例 30　创建对象样式并应用

（实例思路） --

在 InDesign 中，为图形、图像或框架对象添加各种设置和效果后，可以将其定义为对象样式，以后在制作具有相同或相似的样式效果时，可以通过"对象样式"面板直接调用，既可保持效果的一致性，又可以提高工作效率。本例通过"置入"命令置入素材后，在"对象样式"面板中设置对象的描边、投影和文本绕排，具体制作流程如图 6-10 所示。

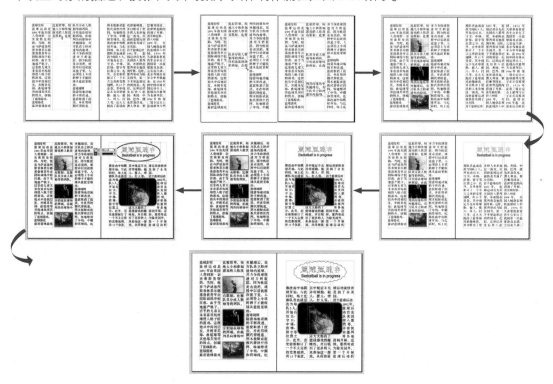

图 6-10

版面布局

在上一案例的基础上，添加了一些图像和文字，变化较大的是第 3 页，为图像设置了文本绕排并输入了标题文字，布局排列还是从上向下的类型，如图 6-11 所示。

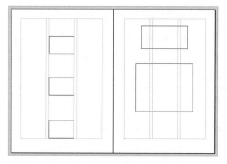

图 6-11

▶ 使用"置入"命令置入素材

▶ 使用文字工具输入文字

▶ 通过"字符"面板设置文字

▶ 通过"对象样式"面板设置描边、投影和文本绕排

▶ 设置矩形为圆角矩形

操作步骤

步骤 01　在上一案例的基础上，使用 ▶ (选择工具)将第 2 页中的中间文本框调矮，如图 6-12 所示。

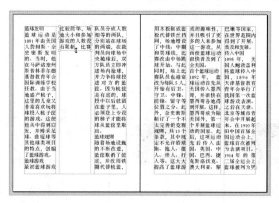

图 6-12

步骤 02　使用 ▶ (选择工具)单击文本框中的三角符号，效果如图 6-13 所示。

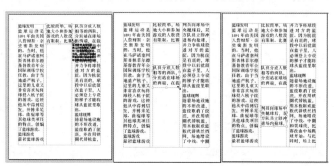

图 6-13

步骤03 执行菜单"文件 / 置入"命令，置入随书附带的"素材 \06\ 篮球 2.jpg""篮球 3.jpg""篮球 4.jpg"素材，将素材放置到第 2 页中的空白区域，使用 [选择工具]（选择工具）调整素材大小和图文框大小，效果如图 6-14 所示。

步骤04 使用 [选择工具]（选择工具）将第 3 页中的文本框调矮，使用 [文字工具]（文字工具）在上面输入白色中文，将描边颜色设置为"洋红色"，字体设置为"汉仪彩蝶体简"；输入洋红色的英文、字体设置为 Arial，效果如图 6-15 所示。

图 6-14　　　　　　　　　　　　　　　图 6-15

步骤05 执行菜单"文件 / 置入"命令，置入随书附带的"素材 \06\ 篮球 1.jpg"素材，将素材放置到第 3 页的文字上面，调整大小后，设置矩形为圆角矩形，圆角值设置为 5 毫米，效果如图 6-16 所示。

步骤06 文本和图像都摆放完成后，执行菜单"窗口 / 样式 / 对象样式"命令，打开"对象样式"面板，单击 [创建新样式]（创建新样式）按钮，在"对象样式"面板中新建"对象样式 1"，如图 6-17 所示。

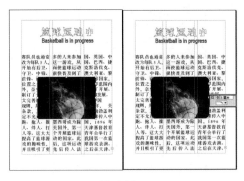

图 6-16　　　　　　　　　　　　　　　图 6-17

其中的各项含义如下。

- [创建新样式组]（创建新样式组）：可以新建一个样式组。
- [清除非样式定义属性]（清除非样式定义属性）：单击可以将已停用的类别设置为"无"。
- [清除优先选项]（清除优先选项）：单击可以在应用对象样式后，再将内容样式还原。
- [创建新样式]（创建新样式）：单击可以在"对象样式"面板中新建一个样式。
- [删除选定样式]（删除选定样式）：单击可以将当前选择的样式，在"对象样式"面板中清除。

步骤07 在新建的"对象样式 1"上双击鼠标，系统会打开"对象样式选项"对话框，选择"基本属性"下的"描边"项，其中的参数值设置如图 6-18 所示。

步骤 08 选择"文本绕排和其他"项，在右侧设置各项参数值，如图 6-19 所示。

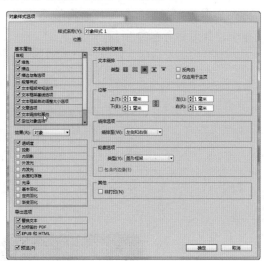

图 6-18   图 6-19

步骤 09 在"效果"下方选择"投影"项，其中的参数值设置如图 6-20 所示。

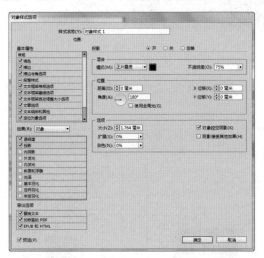

图 6-20

步骤 10 设置完成单击"确定"按钮，对象样式设置完成。在文档中选择图像后，在"对象样式"面板中单击"对象样式 1"，如图 6-21 所示。

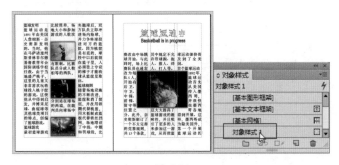

图 6-21

步骤⑪ 此时发现应用对象样式后，会把之前应用的"圆角"取消。我们再重新将右面的矩形设置成圆角矩形，效果如图 6-22 所示。

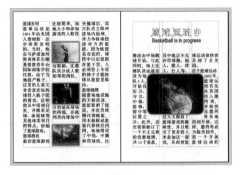

图 6-22

技巧：为应用对象样式后的图像，再次应用其他内容，会在原来的对象样式后面添加一个加号"+"，如图 6-23 所示。

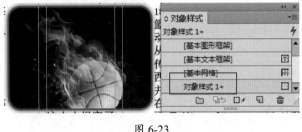

图 6-23

步骤⑫ 使用◯（椭圆工具）在第 3 页文字的上面绘制一个洋红色的椭圆轮廓，设置描边粗细为 4 点，效果如图 6-24 所示。

步骤⑬ 在"描边样式"下拉列表中选择"波纹"，至此本例制作完成，效果如图 6-25 所示。

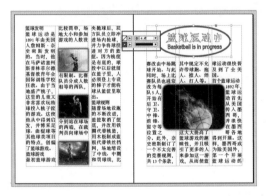

图 6-24

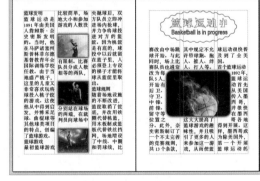

图 6-25

技巧：除了可以自定义对象样式外，大家还可以通过弹出菜单中的"直接复制样式"和"载入对象样式"等命令来快速得到样式。应用样式后，如果修改了样式的设置，则所有应用该样式的对象效果都会自动随之改变。

实例 31　创建段落样式并应用

实例思路

InDesign 中的段落文本可以通过"段落样式"面板进行设置，使用段落样式可以将各种段落属性一次性应用给选中的段落文本，既准确又快速，修改起来还非常方便，只要改变样式就可以将所有应用此样式的段落全部更改。本例在"段落样式"面板中新建样式并进行字符格式、缩进和间距、字符颜色等方面的设置，具体制作流程如图 6-26 所示。

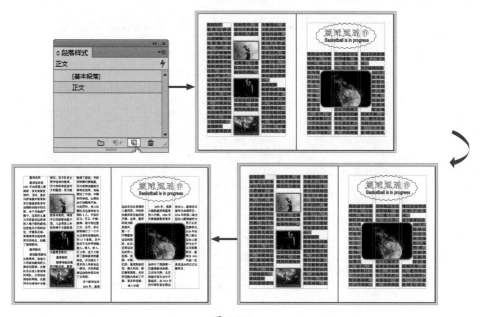

图 6-26

实例要点

▶ 使用"段落样式"面板新建样式　　▶ 设置字符颜色

▶ 设置字符格式　　▶ 为段落文字应用样式

▶ 设置缩进和间距

操作步骤

步骤 01 在上一案例的基础上，我们开始为置入的文本设置段落样式。执行菜单"窗口/样式/段落样式"命令，打开"段落样式"面板，单击 （创建新样式）按钮，新建一个段落样式，单击名称将其改成"正文"，如图 6-27 所示。

其中的各项含义如下。

图 6-27

- ▢（创建新样式组）：可以新建一个样式组。
- ▢（清除优先选项）：单击可以将应用段落样式的文本内容还原。按住 Ctrl 键的同时单击，可以只清除优先选项；按住 Ctrl+Shift 键的同时单击，可以只清除段落级别的优先选项。
- ▢（创建新样式）：单击可以在"段落样式"面板中新建一个样式。
- ▢（删除选定样式）：单击可以将当前选择的样式在"段落样式"面板中清除。

步骤 02 在新建的段落样式"正文"上双击鼠标，系统会打开"段落样式选项"对话框。选择"基本字符格式"项，在右侧对其进行相应的参数设置，如图 6-28 所示。

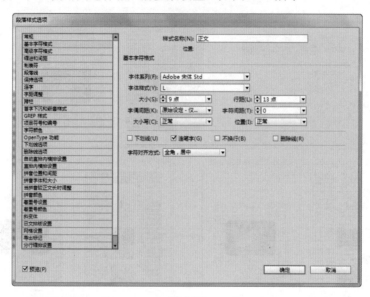

图 6-28

步骤 03 左侧选择"缩进和间距"项，在右侧对其进行相应的参数设置，如图 6-29 所示。

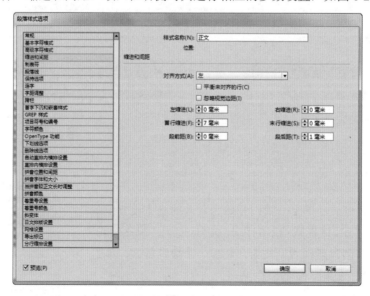

图 6-29

步骤 04 左侧选择"字符颜色"项,在右侧对其进行相应的参数设置,如图 6-30 所示。

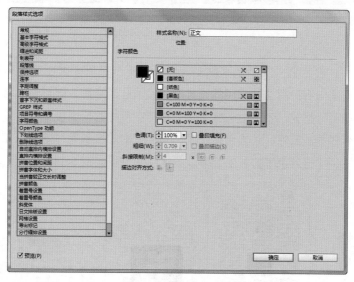

图 6-30

步骤 05 设置完成单击"确定"按钮,使用 T (文字工具)将文字全选,如图 6-31 所示。

步骤 06 选择文字后,在"段落样式"面板中单击"正文"样式,效果如图 6-32 所示。

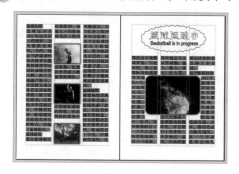

图 6-31   图 6-32

步骤 07 至此本例制作完成,效果如图 6-33 所示。

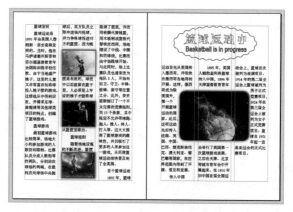

图 6-33

实例 32　创建字符样式并应用

实例思路

在 InDesign 中，经常要对文字的字体、大小、行距、颜色等属性进行反复的设置，对文档中多个的不同文字内容进行这些相同的设置时，不但非常麻烦，而且还非常容易出错。这时只要设置了文字的字符样式，使用时选择文字后在"字符样式"面板中单击就可以应用，这样不但保持了文字样式的一致性，还大大降低了出错的概率。本例在"字符样式"面板中新建样式并进行字符格式、字符颜色等方面的设置，具体制作流程如图 6-34 所示。

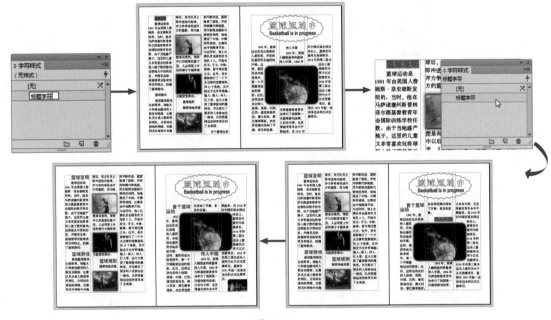

图 6-34

实例要点

▶ 使用"字符样式"面板新建样式　　　▶ 设置字符颜色

▶ 设置字符格式　　　▶ 为文字应用字符样式

操作步骤

步骤 01 在上一案例的基础上，我们开始为置入的文本设置字符样式。执行菜单"窗口 / 样式 / 字符样式"命令，打开"字符样式"面板，单击 ▣（创建新样式）按钮，新建一个字符样式，单击名称将其改成"标题字符"，如图 6-35 所示。

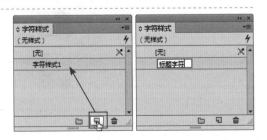

图 6-35

其中的各项含义如下。

● ▢（创建新样式组）：可以新建一个字符样式组。

● ▣（创建新样式）：单击可以在"字符样式"面板中新建一个样式。

● ▣（删除选定样式）：单击可以将当前选择的样式在"字符样式"面板中清除。

步骤 02 在新建的字符样式"标题字符"上双击鼠标，系统会打开"字符样式选项"对话框，选择"基本字符格式"项，在右侧对其进行相应的参数设置，如图 6-36 所示。

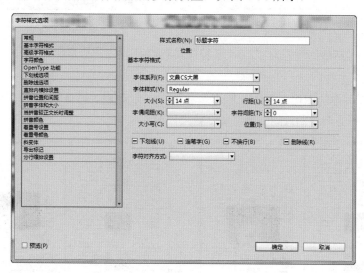

图 6-36

步骤 03 在左侧选择"字符颜色"项，在右侧对其进行相应的参数设置，如图 6-37 所示。

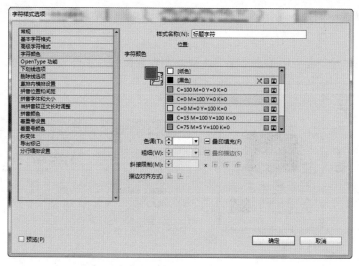

图 6-37

步骤 04 设置完成单击"确定"按钮，使用 T（文字工具）将文本中的标题文字选取，如图 6-38 所示。

步骤 05 选择文字后，在"字符样式"面板中单击"标题字符"样式，效果如图 6-39 所示。

图 6-38

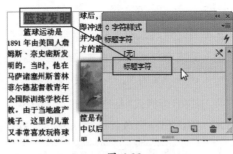

图 6-39

步骤 06 依次选择文档中的标题文字，在"字符样式"面板中单击"标题字符"样式，效果如图 6-40 所示。

步骤 07 此时第 3 页中的图像与文本位置不是非常好。使用 ▶（选择工具）选择图像，将其向上移动，改变一下文本与图像的围绕位置，效果如图 6-41 所示。

图 6-40

图 6-41

步骤 08 选择第 2 页中的第 2 个图像，复制一个副本，将副本移动到第 3 页的右下角处，效果如图 6-42 所示。

步骤 09 在"对象样式"面板中单击"无"，取消图像应用的对象样式，效果如图 6-43 所示。

图 6-42

图 6-43

步骤 10 执行菜单"对象 / 角选项"命令，打开"角选项"对话框，设置 4 个角的转角大小都为 2 毫米、左上角为"圆角"，其他角都为"无"，如图 6-44 所示。

步骤 11 设置完成单击"确定"按钮，效果如图 6-45 所示。

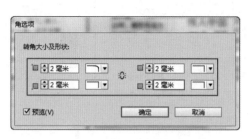

图 6-44

图 6-45

步骤⑫ 使用 ▶ （直接选择工具）调整图文框框架内图像的位置，至此本例制作完成，效果如图 6-46 所示。

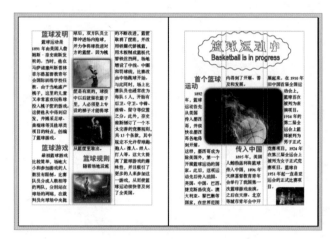

图 6-46

> **技巧：** 对于字符样式与段落样式，都可以通过弹出菜单中的命令来进行样式复制或载入，可以随时进行修改和编辑。修改样式设置后，所有应用该样式的格式都会随之改变。

实例 33　通过制表符制作目录

（实例思路）

目录是书籍、画册、杂志等出版物经常使用的一项内容，一个美观清晰的目录是吸引读者的一项重要因素。本例使用 ▣ （矩形工具）、 ◯ （椭圆工具）绘制图形，并将矩形转换成圆角矩形，再通过"置入"命令置入素材并调整大小和位置，使用 Ｔ （文字工具）输入文字，通过新建段落样式对制表符、字符格式、缩进和间距、字符颜色进行设置，最后为目录应用样式，具体制作流程如图 6-47 所示。

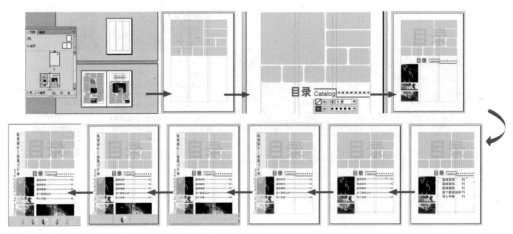

图 6-47

版面布局

本例中的布局在整体上分成上下两个部分,上半部分以图形排列作为整个页面的修饰;下半部分是内容的主体,左侧放置图片,右侧用文字展现,使此区域看起来非常平衡,如图 6-48 所示。

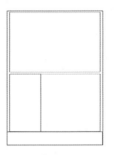

图 6-48

实例要点

▶ 使用矩形工具绘制矩形

▶ 通过"角选项"命令设置圆角

▶ 使用"置入"命令置入素材

▶ 使用文字工具输入文字

▶ 通过"段落样式"面板设置制表符、字符格式、缩进和间距

▶ 为文本应用段落样式

▶ 设置不透明度

操作步骤

步骤01 在上一案例的基础上,执行菜单"文件 / 文档设置"命令,打开"文档设置"对话框,设置"页数"为3、"起始页码"为1,其他参数不变,如图 6-49 所示。

步骤02 设置完成单击"确定"按钮,将之前的文档都移动到第2页和第3页,选择第1页,如图 6-50 所示。

步骤03 使用 ■(矩形工具)在页面中绘制矩形,对其进行布局调整,设置填充颜色为"C:0,M:34,Y:0,K:0",效果如图 6-51 所示。

步骤04 使用 ▶(选择工具)框选所有矩形,在属性栏中设置转角值为2毫米、转角形状为"圆角",效果如图 6-52 所示。

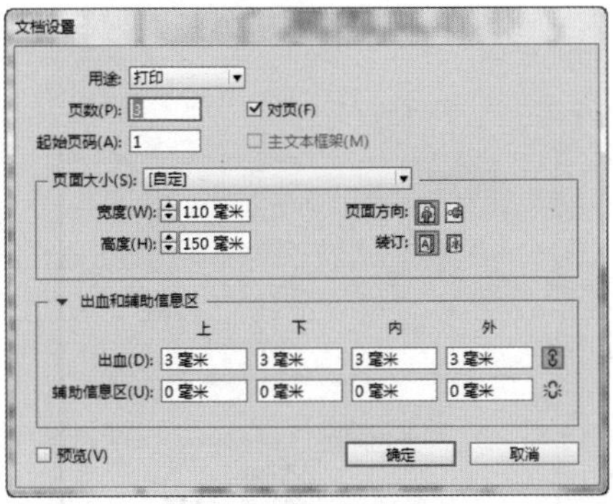

图 6-49

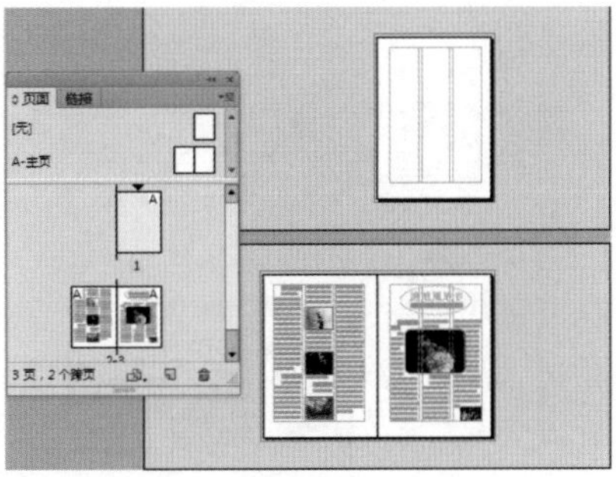

图 6-50

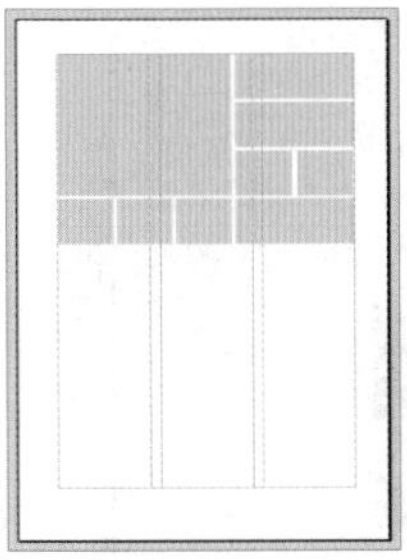

图 6-51

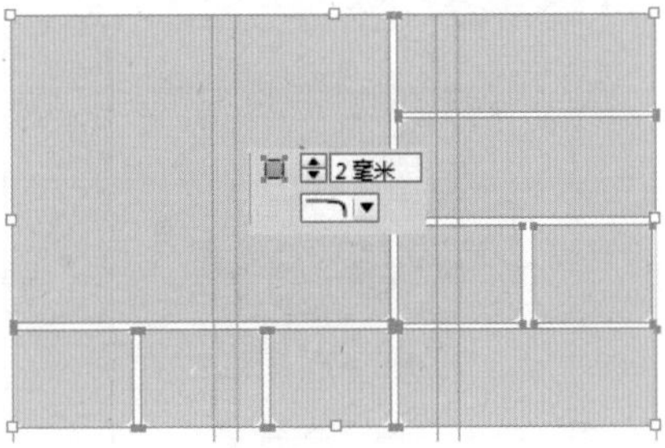

图 6-52

步骤 05 使用 T（文字工具）在页面中输入文字，设置字体为“文鼎 CS 大黑”、字体大小为 24 点，设置文字颜色为“洋红色”，效果如图 6-53 所示。

步骤 06 使用 T（文字工具）在页面中输入英文文字，设置字体为 Arial、字体大小为 14 点，设置文字颜色为“洋红色”，效果如图 6-54 所示。

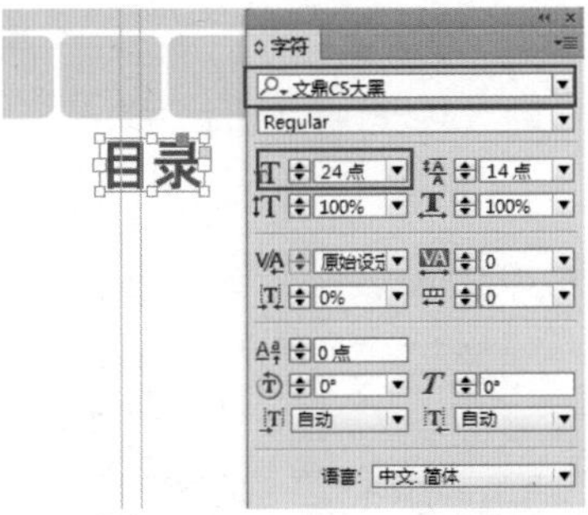

图 6-53

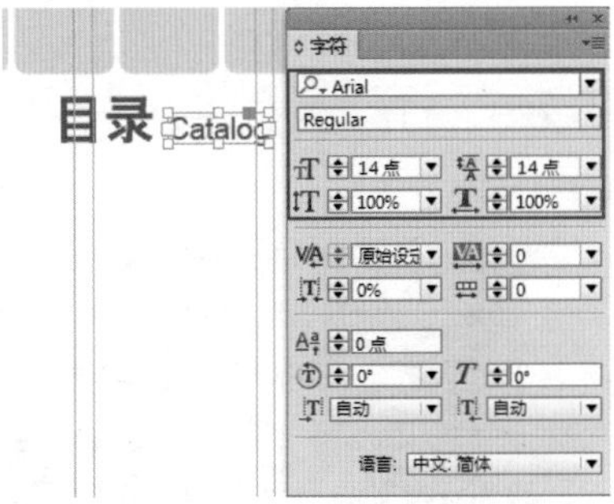

图 6-54

步骤 07 使用（钢笔工具）绘制一条折线，设置描边粗细为 2 点，设置颜色为“洋红色”，效果如图 6-55 所示。

步骤 08 使用（直线工具）绘制一条直线，设置描边粗细为 5 点，设置颜色为“洋红色”、样式为“圆点”，效果如图 6-56 所示。

步骤 09 复制文字“目录”得到一个副本，将其向上移动，调整大小和位置后，设置“不透明度”为 15%，效果如图 6-57 所示。

步骤 10 执行菜单“文件 / 置入”命令，置入随书附带的“素材 \06\ 篮球 2.jpg”“篮球 3.jpg”“篮球 4.jpg"素材。将素材放置到第 1 页中的空白区域，使用 ▶ (选择工具)调整素材和图文框大小，效果如图 6-58 所示。

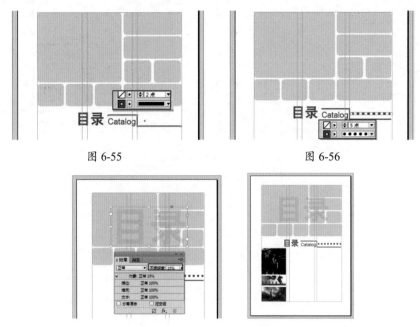

图 6-55　　　　　　　　　　　　图 6-56

图 6-57　　　　　　　　　　　　图 6-58

步骤 ⑪ 使用 T (文字工具)在页面中拖曳出一个文本框，输入目录文字内容后，按 Tab 键插入一个制表符。再继续输入页码，一行目录输入完成后按 Enter 键，进入到下一行中继续输入目录内容和页码，依此类推完成整个目录的输入，效果如图 6-59 所示。

步骤 ⑫ 在"段落样式"面板中新建一个"目录"样式，双击后打开"段落样式选项"对话框，选择"基本字符格式"项，在右侧对其进行相应的参数设置，如图 6-60 所示。

图 6-59

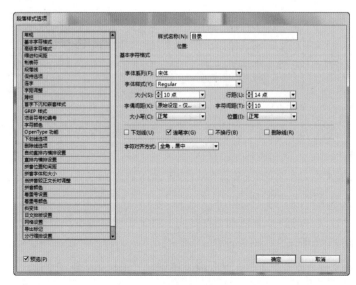

图 6-60

步骤 ⑬ 在左侧选择"缩进和间距"项，在右侧对其进行相应的参数设置，如图 6-61 所示。

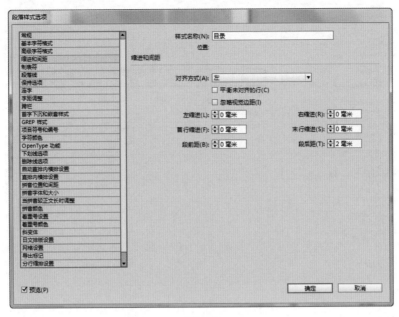

图 6-61

步骤 ⑭ 在左侧选择"字符颜色"项，在右侧对其进行相应的参数设置，如图 6-62 所示。

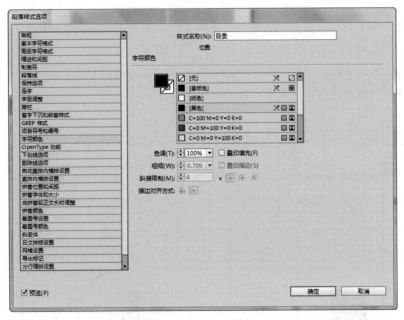

图 6-62

步骤 ⑮ 在左侧选择"制表符"项，在右侧对其进行相应的参数设置，如图 6-63 所示。

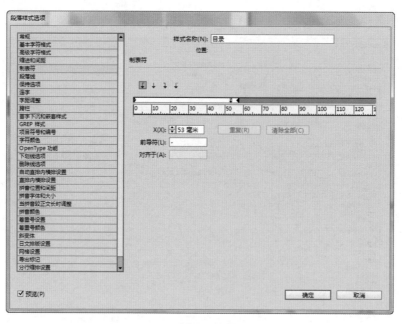

图 6-63

步骤⑯ 设置完成单击"确定"按钮，使用 **T** （文字工具）将目录文字全选，在"段落样式"面板中单击"目录"样式，为文字应用样式，效果如图 6-64 所示。

> 技巧：使用制表符制作目录时，输入目录内容后，一定要注意添加的制表符数量和位置，也就是按 Tab 键的次数和位置。一般制作目录时设置一个制表符就可以了，添加的太多反而会影响判断。另外，用这种方法创建的目录一般只有一级层次，所以该方法更适合制作简单的目录。

步骤⑰ 使用 **■** （矩形工具）在页面左侧绘制一个白色矩形，设置"不透明度"为 70%，效果如图 6-65 所示。

图 6-64

图 6-65

步骤⑱ 使用 T (文字工具) 在白色矩形上输入文字，中文字体设置为"微软简隶书"，英文字体设置为 BernhardTango BT，设置文字颜色为"洋红色"，效果如图 6-66 所示。

步骤⑲ 执行菜单"文件 / 置入"命令，置入随书附带的"素材 \06\ 篮球 1.jpg"素材，将素材放置到第 1 页中的空白区域，使用 ▶ (选择工具) 调整素材大小和图文框大小，效果如图 6-67 所示。

步骤⑳ 使用 □ (矩形工具) 在页面底部绘制一个"C:0，M:34，Y:0，K:0"颜色的矩形，效果如图 6-68 所示。

图 6-66

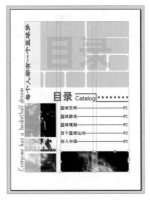
图 6-67

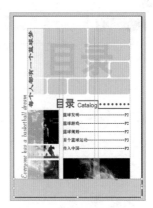
图 6-68

步骤㉑ 使用 ◯ (椭圆工具) 在页面底部绘制一个正圆，执行菜单"文件 / 置入"命令，置入随书附带的"素材 \06\ 篮球 4.jpg"素材，将素材放置到正圆内部，使用 ▶ (选择工具) 调整素材大小和图文框大小，效果如图 6-69 所示。

步骤㉒ 多复制几个正圆副本，移动位置并调整不透明度，至此本例制作完成，效果如图 6-70 所示。

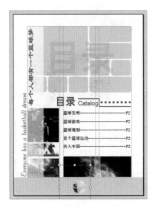

图 6-69

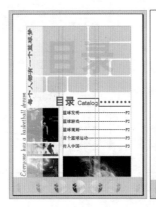
图 6-70

实例 34　在文档中生成目录

实例思路 --

通过"目录"对话框，可以将段落中设置的相应样式自动添加到目录中。本例删除之前的目录，再设置段落中的标题样式，之后通过"目录"命令将"标题"样式设置成目录，具体制作流程如图 6-71 所示。

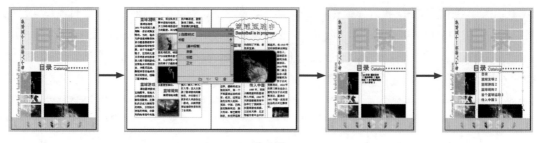

图 6-71

▶ 新建段落样式　　　　　　　　　　　▶ 通过"目录"对话框设置目录

（操作步骤）

步骤01 在上一案例的基础上，将通过制表符制作的目录区域删除，如图 6-72 所示。

步骤02 选择第 2-3 页，在"段落样式"面板中，为标题文字新建一个"标题"样式，参数与前面设置"字符样式"的参数基本一致，如图 6-73 所示。

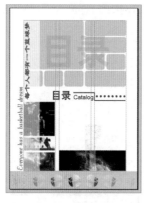

图 6-72

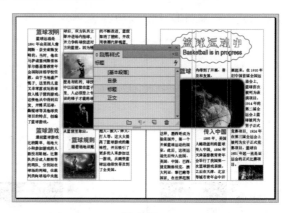

图 6-73

步骤03 "标题"样式创建完成后，执行菜单"版面 / 目录"命令，打开"目录"对话框，在"其他样式"列表中选择"标题"，单击"添加"按钮，将其添加到"包含段落样式"列表中，其他参数不变，如图 6-74 所示。

步骤04 添加完成后，单击"确定"按钮，此时鼠标指针变为带有文字置入的效果，在页面中拖曳鼠标，松开后目录将自动生成，此时的目录内容就是文档中应用"标题"样式的文字，效果如图 6-75 所示。

步骤05 在文档中随意将正文中的几个文字变成新的一行后，应用"标题"样式，如图 6-76 所示。

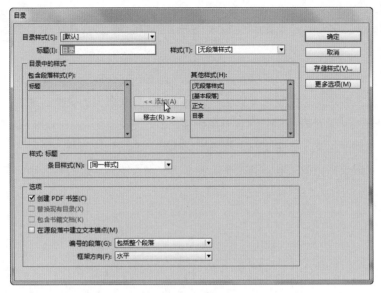

图 6-74

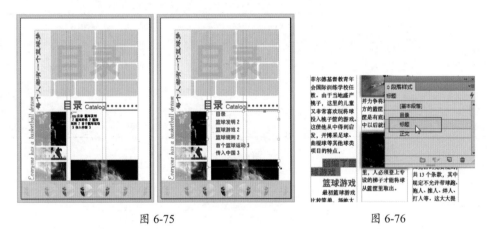

图 6-75   图 6-76

步骤 06 执行菜单"版面 / 更新目录"命令，在弹出的警告对话框中直接单击"是"按钮，就可以把刚刚选择的文字添加到目录中，效果如图 6-77 所示。

图 6-77

实例 35　使用插入表格制作课程表

实例思路 --

表格是排版文件中常见的组成元素之一。InDesign 具有强大的表格处理功能，不仅可以创建表格、编辑表格、设置表格格式和设置单元格格式，还可以从 Microsoft Word 或 Excel 文件中导入表格。本例使用 **T.**（文字工具）拖曳出文本框，之后创建表格，通过"合并单元格"命令编辑表格，设置表格内的文本对齐状态，输入文字设置字体、颜色和大小，具体制作流程如图 6-78 所示。

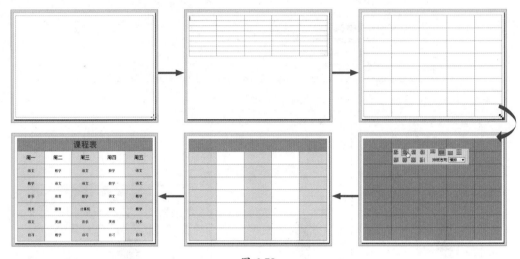

图 6-78

实例要点 --

▶▶ 新建文档　　　　　　　　　　　　　▶▶ 为单元格填充颜色

▶▶ 使用文字工具拖出文本框　　　　　　▶▶ 设置单元格中的文字对齐状态

▶▶ 创建表格　　　　　　　　　　　　　▶▶ 输入文字

▶▶ 合并单元格

操作步骤 --

步骤01 启动 Indesign CC 软件，新建空白文档，设置"页数"为 1、"宽度"为 150 毫米、"高度"为 110 毫米，设置"出血"为 3 毫米，单击"边距和分栏"按钮，在弹出的"新建边距和分栏"对话框中，设置"边距"为 0 毫米，设置完成单击"确定"按钮，新建文档如图 6-79 所示。

步骤02 使用 **T.**（文字工具）在页面中拖曳出一个文本框，如图 6-80 所示。

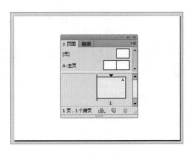

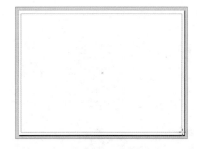

图 6-79	图 6-80

步骤 ③ 执行菜单"表 / 插入表"命令，打开"插入表"对话框，设置"正文行"为 8、"列"为 5，如图 6-81 所示。

步骤 ④ 设置完成单击"确定"按钮，此时文本框中会新建一个 8 行 5 列的表格，效果如图 6-82 所示。

图 6-81

> **技巧**：表格插入时，必须在文本框中。在图形上和框架中是不能创建表格的。

步骤 ⑤ 选择 **T** （文字工具），将光标移动到右下角处，当出现双箭头符号时，拖曳鼠标将表格变大，如图 6-83 所示。

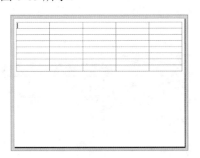

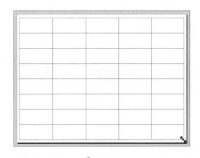

图 6-82	图 6-83

> **技巧**：可以通过在插入点位于最后一个单元格中时按 Tab 键创建一个新行，新的单元格将具有与插入点放置行中的文本相同的格式。还可以通过拖动的方式插入行和列。将 **T** （文字工具）放置在列或行的边框上，显示双箭头图标（ ↔ 或 ↕ ）时，按住 Alt 键向下拖动或向右拖动，可创建新行或新列。

步骤 ⑥ 使用 **T** （文字工具）在整个表格中拖曳选择所有表格后，在属性栏中单击"居中对齐"按钮，效果如图 6-84 所示。

> **技巧**：在表内单击或选择文本，然后执行菜单"表 / 选择 / 列或行"命令，可以选择整行或整列。

步骤 ⑦ 使用 **T** （文字工具）将第 1 行中的所有单元格一同选取，执行菜单"表 / 合并单元格"

命令，将其变为一个单元格，再设置填充颜色为青色，效果如图 6-85 所示。

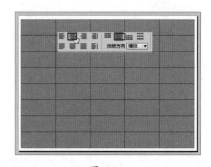
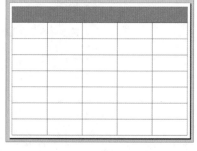

图 6-84　　　　　　　　　　　　图 6-85

> **技巧**：执行菜单"表 / 合并单元格"命令，可以将选择的多个单元格合并为一个单元格。在单元格中执行菜单"表 / 水平拆分单元格"命令或执行菜单"表 / 垂直拆分单元格"命令，可以将当前选择的单元进行水平或垂直拆分。

步骤08 使用 T（文字工具）将第 1 列、第 3 列、第 5 列中的所有单元格一同选取，设置填充颜色为"淡青色"，效果如图 6-86 所示。

步骤09 使用 T（文字工具）在单元格中输入文字，设置第 1 行中的字体为"文鼎 CS 大黑"，第 2 行中的字体为"微软雅黑"，其余单元格中的字体为"Adobe 宋体 Std"，至此本例制作完成，效果如图 6-87 所示。

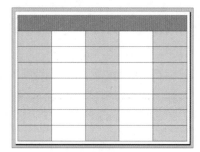

图 6-86　　　　　　　　　　　　图 6-87

> **技巧**：如果想把图片放置到表格中，只要选择图像后，按 Ctrl+C 快捷键复制，使用 T（文字工具）在单元格单击，再按 Ctrl+V 快捷键，就可以将图片置入到表格中，如图 6-88 所示。
>
>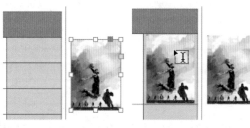
>
> 图 6-88

本章练习与习题

练习

1. 置入段落文本创建自动排文。

2. 练习创建对象样式、段落样式和字符样式。

习题

1. 在 InDesign 中，如果想让溢出文档继续在文档中其他位置显示，只要使用 ▶ （选择工具）在溢出的（   ）上单击，移动鼠标到另一位置，单击鼠标就可以继续显示内容了。

    A. 红十字   B. 输入符号   C. 文字   D. 文本框

2. 执行菜单"窗口 /（   ）/ 对象样式"命令，打开"对象样式"面板，单击 ▣ （创建新样式）按钮，在"对象样式"面板中新建一个"对象样式 1"。

    A. 样式   B. 文字和表   C. 颜色   D. 链接

3. 在 Adobe InDesign 中，使用制表符制作目录时，输入目录内容后，一定要注意添加制表符的数量和位置，也就是按（   ）键的次数和位置。一般制作目录时设置一个制表符就可以了，添加的太多反而会影响判断。另外，用这种方法创建的目录一般只有一级层次，所以该方法更适合制作简单的目录。

    A. Shift   B. Tab   C. Delete   D. Ctrl

第7章

DM 宣传页设计与制作

DM 宣传页设计的重点是将广告创意通过一定的形式具体地表现出来，体现设计者的思想。DM 宣传页的版式设计在总体上要求新求异，充分体现广告创意的内容，将商品信息或广告主信息最大限度地传递给目标市场。版式设计的好坏直接影响到广告宣传的效果。

本章将向读者介绍有关 DM 宣传页版式设计的相关知识和内容，并通过对案例的分析讲解，让读者能够更加深入地理解 DM 宣传页版式设计的方法和技巧。

本章内容

▶ 手机行业 5G 三折页外面　　▶ 厨房清洁纸 DM 宣传单

▶ 手机行业 5G 三折页里面　　▶ 厨房清洁纸 DM 宣传单 2

学习 DM 宣传页设计，应对以下几点进行了解：

▶▶ DM 宣传页概述   ▶▶ DM 宣传页的设计要求

▶▶ DM 宣传页的分类   ▶▶ DM 宣传页的设计流程

DM 宣传页概述

所谓 DM 广告，有两种解释，一是 Direct Mail，也就是通过直接邮寄、赠送等形式，将宣传品送到消费者手中、家里或公司所在地，是一种广告宣传的手段；二是 Database Marketing，数据库营销。作为一种国际流行多年的成熟媒体形式，DM 在美国及其他西方国家已成为众多广告商青睐及普遍使用的一种主要广告宣传手段。

DM 广告不同于其他传统广告媒体，它可以有针对性地选择目标对象，按照客户喜好进行设计与传递，从而增加广告的利用率并减少浪费。对于接收的客户来说，容易产生其他传统媒体无法比拟的优越感，使其更自主关注所宣传的产品。一对一地直接发送，可以减少信息传递过程中的客观挥发，使广告效果达到最大化。

DM 宣传页的分类

DM 广告形式有广义和狭义之分，广义上包括广告单页，如大家熟悉的街头巷尾、商场超市散布的传单，肯德基、麦当劳的优惠券也包括其中。狭义上的 DM 广告仅指装订成册的集纳型广告宣传画册，页数在 10 多页至 200 多页不等，如一些大型超市邮寄广告页数一般都在 20 页左右。

常见的 DM 广告类型主要有：销售函件、商品目录、商品说明书、小册子、名片、明信片、贺年卡、传真以及电子邮件广告等。免费杂志成为近几年 DM 广告中发展得比较快的媒介，目前主要分布在既具备消费实力又有足够高素质人群的大中型城市中。

DM 宣传页的设计要求

DM 宣传页广告是指采用排版印刷技术制作，以图文作为传播载体的视觉媒体广告。这类广告一般采用宣传单页或杂志、报纸、手册等形式，对于 DM 宣传页广告的版式设计主要有以下几点要求。

（1）了解产品，熟悉消费心理

设计师需要透彻地了解商品，熟知消费者的心理习惯和规律，知己知彼，才能够百战不殆。

（2）新颖的创意和精美的外观

DM 的设计形式没有固定的法则，设计师可以根据具体的情况灵活的掌握，自由发挥，出奇制胜。爱美之心，人皆有之，因此 DM 宣传广告设计要新颖有创意，印刷要精致美观，以吸引更多的眼球。

（3）独特的表现方式

设计制作 DM 宣传广告时要充分考虑其折叠方式、尺寸大小、实际重量，以便于邮寄。设计师可以在 DM 宣传广告的折叠方法上玩一些小花样，比如借鉴中国传统折纸艺术，让人耳目一新，但切记要使接收邮件者能够方便的拆阅。

（4）良好的色彩与配图

在为 DM 宣传页广告配图时，多选择与所传递信息有强烈关联的图案，刺激记忆。设计制作 DM 宣传页广告时，设计者需要充分考虑到色彩的魅力，合理运用色彩可以达到更好的宣传作用，给受众群体留下深刻印象。

此外，好的 DM 宣传广告还需要纵深拓展，形成系列，以积累广告资源。在普通消费者眼里，DM 与街头散发的小广告没有多大的区别，印刷粗糙，内容低俗，是一种避之不及的广告垃圾。其实，要想打动并非铁石心肠的消费者，不在设计 DM 广告时下一番工夫是不行的。如果想使设计出的 DM 广告成为精品，就必须借助一些有效的广告技巧来提高设计效果。这些技巧能使设计的 DM 看起来更美，更招人喜爱，成为企业与消费者建立良好互动关系的桥梁。

DM 宣传页的设计流程

DM 宣传页广告版面设计的基本要求是：视觉冲击力强，主题明确，版面层次清晰。DM 宣传广告的设计流程主要可以分为以下几个步骤。

（1）具体分析

了解产品的特性，分析消费者的心理习性和规律，设计出消费者容易接受的 DM 宣传页广告形式。

（2）精彩创意

在设计上一定要有新意，在印刷上一定要精美。确保有足够的吸引力和保存价值，从而使得消费者不舍得丢弃。

（3）设计形式

DM 宣传页广告的设计形式没有固定的法则，可以根据实际情况进行灵活的设计，尽量设计成比较独特的、有吸引力的形式，做到出奇制胜。

（4）规格选取

充分考虑其折叠方式、尺寸大小、实际重量，以便于邮寄。

（5）折叠方式

如果 DM 宣传页广告是以折页的方式呈现，可以在折叠方法上进行创新，给人独特的感受，但务必要使消费者方便阅读。

（6）主题口号

DM 宣传页广告的主题口号一定要响亮，以对消费者产生较强的诱惑力，从而引导消费者继续阅读版面上的其他内容，使广告效果达到最大化。

（7）选择配图

DM 宣传页广告中的图像素材应该与主题内容相关，同时需要有较强的视觉冲击力，以吸引消费者的目光。

（8）色彩印象

将主要内容都编排在版面中之后，需要对版面的色彩进行考量。注意要符合主题，统一中有变化是色彩搭配的基本要求。

DM 宣传页设计欣赏

实例 36 手机行业 5G 三折页外面

三折页尺寸，可以大也可以小。大的一般是：417mm×280mm(A3)，折后尺寸 140mm×140mm×137mm，最后一折小一点，以免折的时候因偏位而拱起。小的尺寸是：297mm×210mm(A4)，折后尺寸 100mm×100mm×97mm。

设计时都是连着设计，四周各多出 3mm 作为出血位。三折页连着设计时，从左到右第二折也就是中间的这一折是封底，第三折也就是右边的这一折为封面。最左边的一折一般印公司简介，反面的三折都印产品内容。如果是针对某个项目的或某个产品的三折页，在设计时也可以根据实际情况自定义三折页的大小。

实例思路

　　本案例所设计的手机行业 5G 三折页采用双面印刷，外面主要是通过色彩结合图像、文本使版面表现出较强的视觉冲击力；在版面中运用大面积色彩和图像素材图片，重点突出该行业特点与特色。本例以 ✎（钢笔工具）、◯（椭圆工具）绘制图形，使用 **T**（文字工具）输入文字后对其进行拉宽和斜切处理，再通过"创建轮廓"命令将文本变为图形，在通过"贴入内部"命令将图形按形状进行显示，使用"路径查找器"中的 ▣（交叉）按钮得到一个新的图形，在图形内输入段落文本，具体制作流程如图 7-1 所示。

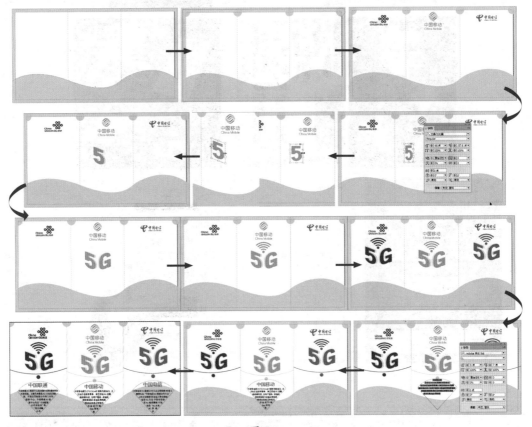

图 7-1

版面布局

　　本例以上下结构的形式进行排列，在每个折页中都是以水平居中的形式进行内容的布局，如图 7-2 所示。

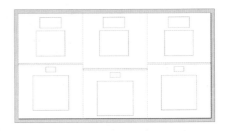

图 7-2

实例要点

- ▶️ 新建文档并绘制选区
- ▶️ 填充渐变色
- ▶️ 绘制选区添加描边
- ▶️ 变换图像制作立方体

- ▶️ 创建图层组
- ▶️ 输入文字并绘制形状
- ▶️ 移入素材
- ▶️ 调整色相 / 饱和度

操作步骤

步骤 01 启动 Indesign CC 软件，新建空白文档，设置"页数"为 2，不勾选"对页"复选框，设置"宽度"为 150 毫米、"高度"为 80 毫米，设置"出血"为 3 毫米，单击"边距和分栏"按钮，在弹出的"新建边距和分栏"对话框中，设置"边距"为 0 毫米，设置完成单击"确定"按钮，新建文档如图 7-3 所示。

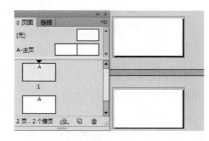

图 7-3

步骤 02 选择第 1 页后，在标尺上向页面中垂直 50mm、100mm 的位置处拖出参考线，使用 🖊️（钢笔工具）在底部绘制一个封闭图形，如图 7-4 所示。

步骤 03 设置封闭图形的填充颜色为"C:50，M:0，Y:0，K:0"颜色，将描边颜色设置为"无"，效果如图 7-5 所示。

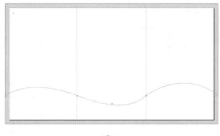

图 7-4

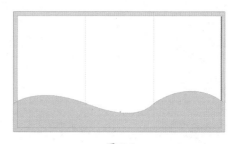

图 7-5

步骤 04 使用 ⬭（椭圆工具）在顶部的两个角和水平 50mm 与 100mm 处绘制 4 个"C:50，M:0，Y:0，K:0"颜色的正圆，效果如图 7-6 所示。

步骤 05 执行菜单"文件 / 置入"命令，置入随书附带的"素材 \07\ 中国联通 .png""中国电信 .png"和"中国移动 .png"素材，将素材移动到合适位置并调整大小，效果如图 7-7 所示。

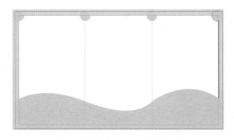

图 7-6

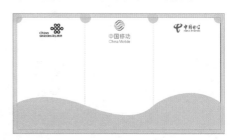

图 7-7

步骤06 使用 **T.**（文字工具）在页面中输入一个青色的数字"5"，设置字体为"文鼎 CS 大黑"，如图 7-8 所示。

步骤07 按住 Ctrl 键将文字拉宽，使用 ▲（切变工具）将中心点拖曳到最右侧，对数字进行斜切处理，效果如图 7-9 所示。

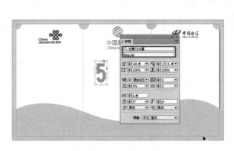

图 7-8   图 7-9

步骤08 执行菜单"文字 / 创建轮廓"命令，将文字变为图形。复制两个副本，分别填充为灰色和淡青色，效果如图 7-10 所示。

> **技巧**：将文字转换成图形的好处是，选择和编辑都比较方便，但是转换后就不具备文字功能了。

步骤09 使用 **T.**（文字工具）在页面中输入一个青色的字母"G"，设置字体为"文鼎 CS 大黑"，按住 Ctrl 键将文字拉宽，使用 ▲（切变工具）将中心点拖曳到最左侧，对数字进行斜切处理，效果如图 7-11 所示。

图 7-10   图 7-11

步骤10 执行菜单"文字 / 创建轮廓"命令，将文字变为图形。复制两个副本，分别填充为灰色和淡青色，效果如图 7-12 所示。

步骤11 使用 ●（椭圆工具）绘制一个青色的正圆轮廓，设置描边粗细为 3 点，效果如图 7-13 所示。

图 7-12   图 7-13

步骤⑫ 复制几个副本并将其缩小，效果如图 7-14 所示。

步骤⑬ 使用 ▶ (选择工具) 框选正圆轮廓，按 Ctrl+G 快捷键将其编组，再使用 ▨ (钢笔工具) 绘制一个图形框，如图 7-15 所示。

步骤⑭ 选择正圆轮廓组，按 Ctrl+X 快捷键将其剪切，再选择钢笔工具绘制的图形，执行菜单"编辑 / 贴入内部"命令，效果如图 7-16 所示。

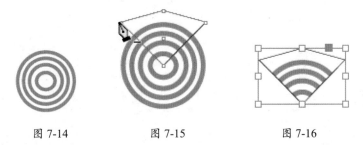

图 7-14　　　　　　　图 7-15　　　　　　　图 7-16

步骤⑮ 去掉图形的描边，将其拖曳到"5G"的上方，使用 ⬭ (椭圆工具) 绘制一个青色的小正圆，效果如图 7-17 所示。

步骤⑯ 将"5G"区域全部选取，复制两个副本，分别移动到左侧和右侧，效果如图 7-18 所示。

图 7-17　　　　　　　　　　　　　图 7-18

步骤⑰ 根据上面 Logo 的颜色改变一下复制的"5G"图形颜色，效果如图 7-19 所示。

步骤⑱ 使用 ▱ (直线工具) 在页面的两条参考线上绘制两条青色直线，设置描边粗细为 3 点，效果如图 7-20 所示。

图 7-19　　　　　　　　　　　　　图 7-20

步骤⑲ 选择两条直线，在属性栏中设置样式为"垂直线"，效果如图 7-21 所示。

步骤⑳ 在"5G"下方根据 Logo 的颜色使用 ▨ (钢笔工具) 绘制 3 条曲线，效果如图 7-22 所示。

步骤㉑ 根据 Logo 的颜色，使用 ⬭ (椭圆工具) 绘制 3 个正圆，如图 7-23 所示。

步骤㉒ 使用 ⬭ (椭圆工具) 和 ▨ (钢笔工具) 绘制一个正圆和一个倒三角形，如图 7-24 所示。

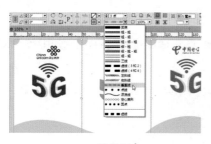

图 7-21 图 7-22

图 7-23 图 7-24

步骤23 将正圆和倒三角一同选取，在"路径查找器"面板中单击回（交叉）按钮，效果如图 7-25 所示。

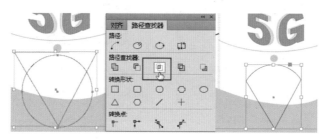

图 7-25

步骤24 将描边颜色设置为红色，调整图形的大小，效果如图 7-26 所示。

步骤25 使用T（文字工具）在图形内部输入文字，将文字全选，设置字体为"Adobe 宋体 Std"，字体大小为 5 点，效果如图 7-27 所示。

图 7-26 图 7-27

步骤26 将鼠标指针插入到文字的最开头处，按 Enter 键向下调整文字位置，效果如图 7-28 所示。

步骤27 使用T（文字工具）输入红色文字"中国移动"，设置字体为"微软雅黑"，效果如图 7-29 所示。

图 7-28

图 7-29

步骤㉘ 使用同样的方法，制作另外两个图形及文字，至此本例制作完成，效果如图 7-30 所示。

图 7-30

实例 37　手机行业 5G 三折页里面

（实例思路） --

本案例所设计的手机行业 5G 三折页采用双面印刷，里面主要是通过图文相结合的方式来介绍该 5G 手机的相关优势，广告中的内容简洁、条理清晰。设计时，要根据三折页的特点，合理布局各个设计元素，突出 5G 宣传的大气与时尚。本例在复制对象后进行调整，置入素材后改变大小和位置，置入文本，设置溢出区域，使用 T.（文字工具）选择文字后设置文本字体和文本大小，使用▢（矩形工具）、◯（椭圆工具）绘制修饰图形和轮廓线，具体制作流程如图 7-31 所示。

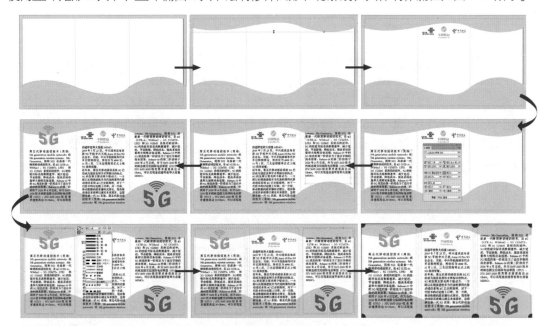

图 7-31

版面布局

本例中的布局以上下结构的形式进行排列，每个折页中都是以水平居中的形式进行内容的布局，在每个折页中都分成上下两个区域，如图 7-32 所示。

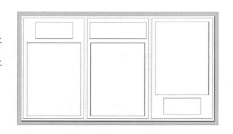

图 7-32

（实例要点）

▶▶ 复制第 1 页内容到第 2 页

▶▶ 删除多余内容

▶▶ 复制图形并垂直反转

▶▶ 使用矩形工具绘制矩形框设置描边样式

▶▶ 使用椭圆工具绘制红色正圆进行修饰

▶▶ 置入素材并调整大小和位置

▶▶ 置入文本并创建文本区域

▶▶ 设置溢出并添加剩余文本

（操作步骤）

步骤01 在上一案例中框选所有对象，选择第 2 页，执行菜单"编辑 / 原位粘贴"命令，将图形全部粘贴到第 2 页，删除多余图形，如图 7-33 所示。

步骤02 使用 ▶ （选择工具）选择底部的图形，复制一个副本后，单击属性栏中的 ⊠ （垂直翻转）按钮，再将其调矮，效果如图 7-34 所示。

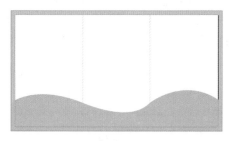

图 7-33

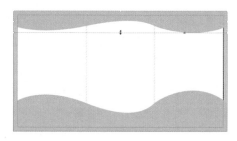

图 7-34

步骤03 执行菜单"文件 / 置入"命令，置入随书附带的"素材 \07\ 中国联通 .png""中国电信 .png"和"中国移动 .png"素材，将素材移动到合适位置并调整大小，效果如图 7-35 所示。

步骤04 执行菜单"文件 / 置入"命令，置入随书附带的"素材 \07\5G.txt"文本，在左侧拖曳出文本框，设置字体为"Adobe 宋体 Std"，效果如图 7-36 所示。

图 7-35

图 7-36

步骤 05 使用 ▣（选择工具）单击文本框右下角的溢出红十字符号，之后在中间拖曳出文本框，效果如图 7-37 所示。

步骤 06 使用同样的方法，将溢出的文字放置到右侧区域，效果如图 7-38 所示。

图 7-37   图 7-38

步骤 07 将第 1 页中"中国移动"和"中国电信"的"5G"区域复制到第 2 页中，调整大小和位置，效果如图 7-39 所示。

步骤 08 使用 ▣（矩形工具）绘制一个青色矩形框，设置描边粗细为 2 点，效果如图 7-40 所示。

图 7-39   图 7-40

步骤 09 在样式下拉列表中选择"空心菱形"，效果如图 7-41 所示。

步骤 10 复制两个副本，将副本分别移入到中间和右侧，效果如图 7-42 所示。

图 7-41   图 7-42

步骤 11 使用 ▣（椭圆工具）在 4 个角上和参考线处分别绘制红色正圆，效果如图 7-43 所示。

> **提示**：使用 ▣（椭圆工具）绘制一个正圆后，可以通过复制的方式来得到其他的正圆，这样可以保持正圆大小一致。

步骤 12 选至此本例制作完成，效果如图 7-44 所示。

图 7-43

图 7-44

 实例 38   厨房清洁纸 DM 宣传单

（实例思路） --

本案例所设计的厨房清洁纸 DM 宣传单采用双面印刷，本例制作的是正面，主要是通过图文结合的方式来介绍产品的特点，内容简洁、条理清晰。设计时要根据 DM 宣传单的特点，合理布局各个元素，突出宣传功能。本例在置入素材后改变大小和位置，并通过设置混合模式将两个图像相混合，使用（矩形工具）、（椭圆工具）、（直线工具）、（钢笔工具）绘制修饰图形和轮廓线，使用（文字工具）输入文字后设置成不同的颜色和字体，使文字之间产生一个对比效果，其中置入图形中的文字起到详细说明的作用，具体制作流程如图 7-45所示。

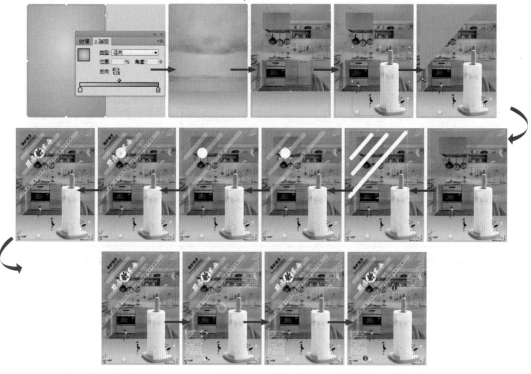

图 7-45

版面布局

本例中以上下结构的形式进行区域布局的排列，让文档中的 4 个角处都有对象摆放，每个区域都进行了内容排列，左上角的图形和文字都有角度的调整，让整个文档看起来非常具有动感，如图 7-46 所示。

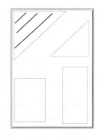

图 7-46

实例要点

▶ 新建文档
▶ 置入素材并调整大小和位置
▶ 设置混合模式为"正片叠底"
▶ 调整不透明度
▶ 使用矩形工具绘制矩形
▶ 使用椭圆工具绘制正圆

▶ 使用直线工具绘制线条
▶ 使用钢笔工具绘制图形
▶ 使用文字工具输入文字
▶ 在图形中置入文本
▶ 设置溢出绘制文本框

操作步骤

步骤01 启动 Indesign CC 软件，新建空白文档，设置"页数"为 2，不勾选"对页"复选框，设置"宽度"为 185 毫米、"高度"为 260 毫米，设置"出血"为 3 毫米，单击"边距和分栏"按钮，在弹出的"新建边距和分栏"对话框中，设置"边距"为 0 毫米，设置完成单击"确定"按钮，新建文档如图 7-47 所示。

步骤02 使用 ▭ （矩形工具）沿出血线绘制一个矩形，使用 ▦ （渐变工具）为矩形填充径向渐变色，效果如图 7-48 所示。

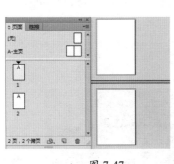

图 7-47

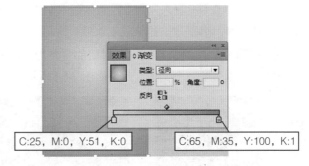

C:25, M:0, Y:51, K:0   C:65, M:35, Y:100, K:1

图 7-48

步骤03 复制矩形，将其调矮，使用 ▦ （渐变工具）为矩形填充线性渐变色，效果如图 7-49 所示。

步骤04 执行菜单"文件 / 置入"命令，置入随书附带的"素材 \07\ 乌云 .jpg"素材，使用 ▶ （选择工具）调整框架大小和图像在框架中的大小，设置混合模式为"正片叠底"，效果如图 7-50 所示。

步骤 05 执行菜单"文件 / 置入"命令，置入随书附带的"素材 \07\ 厨房 .jpg"素材，使用 ▶ （选择工具）调整框架大小和图像在框架中的大小，设置混合模式为"正片叠底"，效果如图 7-51 所示。

步骤 06 执行菜单"文件 / 置入"命令，置入随书附带的"素材 \07\ 厨房清洁纸 .psd"素材，使用 ▶ （选择工具）调整大小和位置，效果如图 7-52 所示。

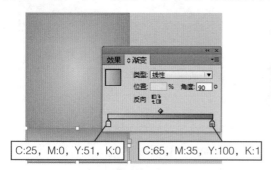

C:25, M:0, Y:51, K:0   C:65, M:35, Y:100, K:1

图 7-49

图 7-50

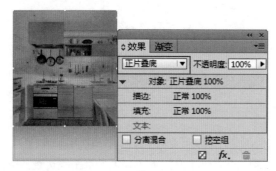

图 7-51

图 7-52

> **技巧**：在 InDesign 中应用到的无背景图像，最好是在 Photoshop 中进行处理，因为 Photoshop 图像的边缘更加平滑一些。

步骤 07 执行菜单"文件 / 置入"命令，置入随书附带的"素材 \07\ 人物蝴蝶水果 .png"素材，使用 ▶ （选择工具）调整大小和位置，效果如图 7-53 所示。

步骤 08 使用 ✍ （钢笔工具）绘制一个封闭的三角形，将其填充为青色，设置混合模式为"正片叠底"、"不透明度"为 32%，效果如图 7-54 所示。

图 7-53

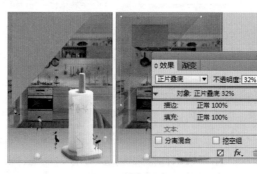

图 7-54

步骤09 执行菜单“文件 / 置入”命令，置入随书附带的“素材\07\叶子.png”素材，使用（选择工具）调整大小和位置，效果如图 7-55 所示。

步骤10 使用（矩形工具）绘制 3 个白色矩形，对其进行相应角度的旋转，效果如图 7-56 所示。

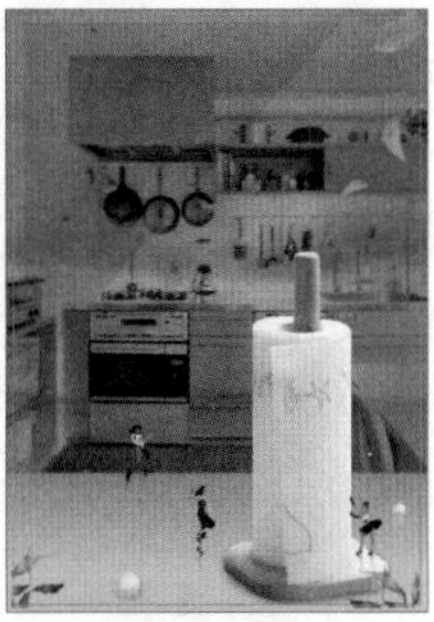

图 7-55

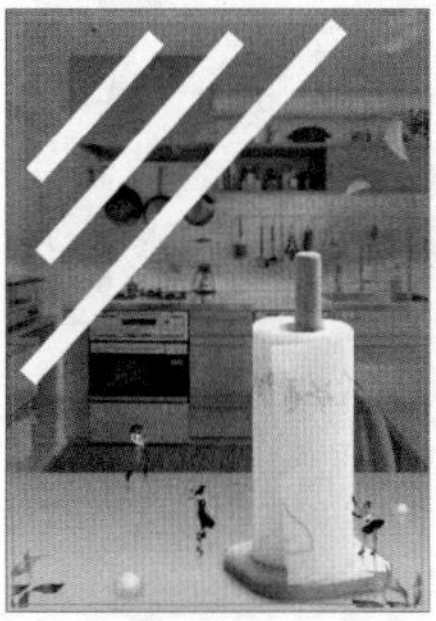

图 7-56

步骤11 选择 3 个白色矩形，执行菜单“对象 / 角选项”命令，打开“角选项”对话框，设置转角值为 5 毫米、形状为“圆角”，设置完成单击“确定”按钮，效果如图 7-57 所示。

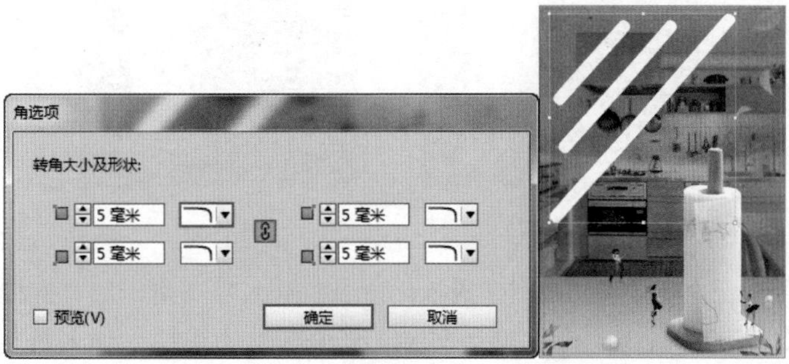

图 7-57

步骤12 设置“不透明度”为 35%，效果如图 7-58 所示。

步骤13 使用（椭圆工具）绘制一个白色正圆，效果如图 7-59 所示。

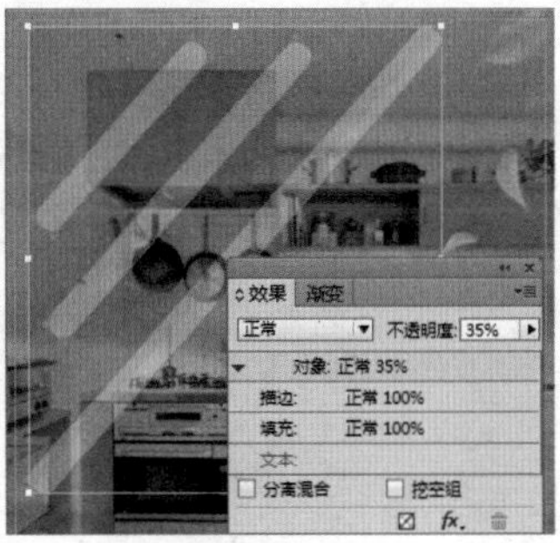

图 7-58

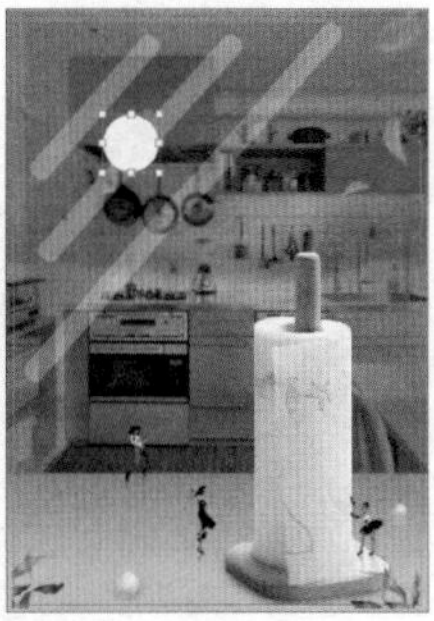

图 7-59

步骤14 使用（直线工具）在文档中绘制一些白色线条，效果如图 7-60 所示。

步骤15 使用（文字工具）在页面中输入文字，分别调整文字的大小和字体，效果如图 7-61 所示。

步骤16 使用（文字工具）选择“新”字，设置文字颜色为红色，将字号加大，效果如图 7-62 所示。

步骤⑰ 使用 ▱（钢笔工具）绘制一个三角形的黄色外框，效果如图 7-63 所示。

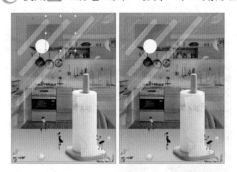

图 7-60

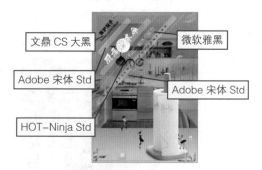

图 7-61

图 7-62

图 7-63

步骤⑱ 选择黄色外框，执行菜单"文件 / 置入"命令，置入随书附带的"素材 \07\ 厨房纸 .txt"文本，将文案放置到三角框内，使用 T（文字工具）在文本中插入输入符后，按 Ctrl+A 快捷键将文本全选，设置文字颜色为白色，设置字体为"Adobe 宋体 Std"、字体大小为 12 点、行距为 14.4 点，其余参数不变，效果如图 7-64 所示。

步骤⑲ 使用 ▸（选择工具）单击溢出符号的红十字线，将鼠标指针移动到左下角处拖曳出文本框，效果如图 7-65 所示。

图 7-64

图 7-65

步骤⑳ 选择左下角的文本框，设置描边颜色为黄色，效果如图 7-66 所示。

步骤㉑ 使用 ◯（椭圆工具）绘制两个红色正圆，使用 T（文字工具）在红色正圆上面输入白色数字，至此本例制作完成，效果如图 7-67 所示。

图 7-66　　　　　　　　图 7-67

实例 39　厨房清洁纸 DM 宣传单 2

实例思路

　　本案例所设计的厨房清洁纸 DM 宣传单采用双面印刷，本例制作的是内页，主要是通过图文相结合的方式来介绍宣传单的详细内容。设计时，要根据 DM 宣传单的特点，合理布局各个设计元素，突出此商品的功能。本例在置入素材后改变大小和位置，在图像上绘制图形并设置混合模式和不透明度，通过"贴入内部"命令将图像和图形放置到钢笔绘制的图形中，使用🔲（矩形工具）、🔘（椭圆工具）、🖊（钢笔工具）绘制图形，置入文本并将其放置到正圆内，使用🇹（文字工具）拖出文本框后插入表格，具体制作流程如图 7-68 所示。

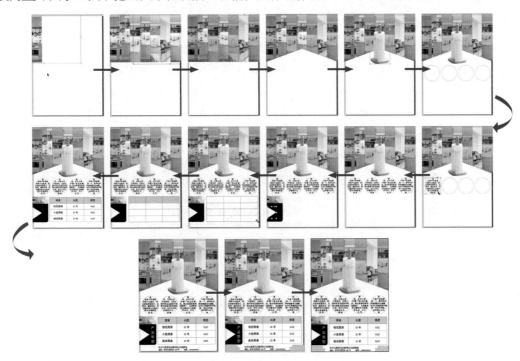

图 7-68

版面布局

本例以上中下结构的形式进行排列，上部用图像平铺后前面放一个产品图像，让上部区域出现一个层次感；中部用段落文本平均分布到正圆图形中；下部以表格、图形和文字进行左右分布，如图 7-69 所示。

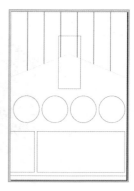

图 7-69

实例要点

▶ 打开文档并选择第 2 页　　　　　　▶ 使用椭圆工具绘制正圆

▶ 绘制矩形并置入图像　　　　　　　▶ 将文本置入到正圆内部

▶ 使用直接选择工具调整图像位置和大小　▶ 设置溢出绘制文本框

▶ 设置混合模式　　　　　　　　　　▶ 创建表格并为表格局部填充颜色

▶ 使用矩形工具绘制矩形

操作步骤

步骤 01 在上一案例中选择第 2 页，使用 ▣（矩形工具）在页面的左上角处绘制一个矩形，如图 7-70 所示。

步骤 02 选择矩形，执行菜单"文件 / 置入"命令，置入随书附带的"素材 \07\ 厨房 .jpg"素材，使用 ▤（选择工具）双击，调整图像在矩形中的大小和位置，效果如图 7-71 所示。

步骤 03 依次复制矩形，将其向右侧水平摆放，使用 ▤（直接选择工具）分别调整图像在矩形中的位置，效果如图 7-72 所示。

图 7-70

图 7-71

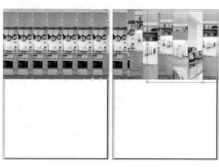

图 7-72

步骤 04 使用 ▣（矩形工具）在图像上绘制矩形，设置混合模式为"正片叠底"、"不透明度"

为 48%，效果如图 7-73 所示。

图 7-73

步骤 05 使用 ▶ （选择工具）框选第 2 页中的所有对象，按 Ctrl+G 快捷键，将选择的图像编组，效果如图 7-74 所示。

步骤 06 使用 ✐ （钢笔工具）在编组图像上绘制一个封闭图形，效果如图 7-75 所示。

图 7-74

图 7-75

步骤 07 选择编组图像，按 Ctrl+X 快捷键将其剪切。再选择绘制的封闭图形，执行菜单"编辑 / 贴入内部"命令，效果如图 7-76 所示。

步骤 08 执行菜单"文件 / 置入"命令，置入随书附带的"素材 \07\ 厨房清洁纸 .psd"素材，使用 ▶ （选择工具）调整图像的大小和位置，效果如图 7-77 所示。

步骤 09 使用 ◯ （椭圆工具）在页面中间位置绘制 4 个正圆，设置描边颜色为绿色、描边粗细为 1 点，效果如图 7-78 所示。

图 7-76

图 7-77

图 7-78

步骤⑩ 选择第一个正圆，执行菜单"文件/置入"命令，置入随书附带的"素材\07\厨房纸.txt"文本，将文本放置到正圆内部，使用 T.（文字工具）选择文字，按 Ctrl+A 快捷键将文本全选，设置字体为"Adobe 宋体 Std"、字体大小为12点、行距为14.4点，其他参数不变，效果如图7-79所示。

> **技巧**：在段落文本中插入输入符号后，按 Ctrl+A 快捷键可以将全部段落文本选取，溢出的文本同样处于被选取状态。

图 7-79

步骤⑪ 使用 ▶.（选择工具）在溢出的红十字符号上单击，将溢出文本变为可置入状态。将鼠标指针在第 2 个正圆内单击，将溢出文本置入到正圆内，效果如图7-80所示。

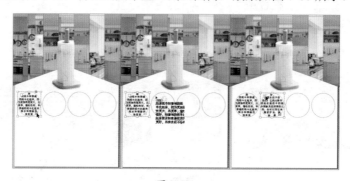

图 7-80

步骤⑫ 使用同样的方法，将溢出文本置入到另两个正圆内，效果如图7-81所示。

步骤⑬ 使用 ■.（矩形工具）在左下角处绘制一个黑色矩形，执行菜单"对象/角选项"命令，打开"角选项"对话框，设置转角值为5毫米，左侧两个样式为"无"，右侧两个样式为"圆角"，设置完成单击"确定"按钮，效果如图7-82所示。

图 7-81

图 7-82

步骤⑭ 选择矩形，执行菜单"文件/置入"命令，置入随书附带的"素材\07\厨房.jpg"素材，使用 ▶.（直接选择工具）调整图像在矩形中的位置和大小，效果如图7-83所示。

步骤⑮ 使用 ☑.（钢笔工具）在黑色矩形上绘制一个白色的三角形，效果如图7-84所示。

图 7-83　　　　　　　　图 7-84

步骤 ⑯ 使用 T.（文字工具）拖出一个文本框，执行菜单 "表 / 插入表" 命令，打开 "插入表"
对话框，其中的参数值设置如图 7-85 所示。

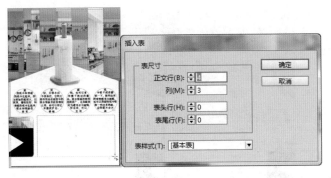

图 7-85

步骤 ⑰ 设置完成单击 "确定" 按钮，创建一个表格，使用 T.（文字工具）在表格的右下角处拖曳，
将表格拉高，效果如图 7-86 所示。

步骤 ⑱ 使用 T.（文字工具）选择第一行，设置填充颜色为 "C:38，M:3，Y:50，K:0"，效果如图 7-87
所示。

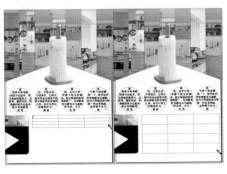
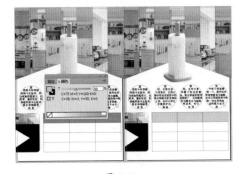

图 7-86　　　　　　　　　　图 7-87

步骤 ⑲ 使用 T.（文字工具）选择单元格后在其中输入文字，效果如图 7-88 所示。

步骤 ⑳ 使用 T.（文字工具）输入其余的文字，选择一个自己喜欢的字体，效果如图 7-89 所示。

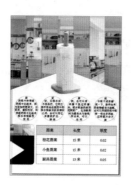
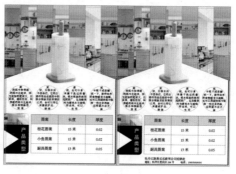

图 7-88   图 7-89

步骤21 使用□(矩形工具)在底部绘制"C:38，M:3，Y:50，K:0"颜色的矩形，至此本例制作完成，效果如图 7-90 所示。

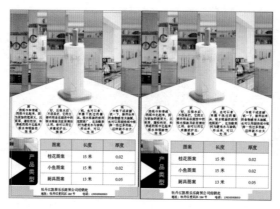

图 7-90

第 8 章

海报广告设计与制作

海报广告设计是一种职业，是在计算机平面设计技术应用的基础上，随着广告行业发展所形成的一个新职业。该职业的主要特征是对图像、文字、色彩、版面、图形等表达广告的元素，结合广告媒体的使用特征，在计算机上通过相关设计软件来为实现广告目的和意图，所进行平面艺术创意的一种设计活动或过程。

所谓广告海报设计，是指从创意到制作的这个中间过程。海报设计是广告的主题、创意、语言文字、形象、衬托五个要素构成的组合。海报设计的最终目的就是通过广告来达到吸引眼球的目的。

本章内容

▶ 公益海报设计　　　▶ 文化海报设计
▶ 电影海报设计

学习海报广告设计，应对以下几点进行了解：

▶ 海报广告设计的 3I 要求   ▶ 海报广告分类

▶ 设计形式   ▶ 海报广告构成

海报广告设计的 3I 要求

● Impact（冲击力）：从视觉表现的角度来衡量，视觉效果是吸引读者并传达产品的利益点，一则成功的平面广告在画面上应该有非常强的吸引力，彩色运用科学、搭配合理，图片运用准确并且有吸引力。

● Information（信息内容）：一则成功的平面广告是通过简单清晰和明了的信息内容准确传递利益要点。广告信息内容要能够系统化地融合消费者的需求点、利益点和支持点等沟通要素。

● Image（品牌形象）：从品牌的定位策略来衡量，一则成功的平面广告画面应该符合稳定、统一的品牌个性和符合品牌定位策略；在同一宣传主题下面的不同广告版本，其创作表现的风格和整体表现应该能够保持一致和连贯性。

设计形式

● 店内海报设计：店内海报通常应用于营业店面内，做店内装饰和宣传用途。店内海报的设计需要考虑店内的整体风格、色调及营业的内容，力求与环境相融。

● 招商海报设计：招商海报通常以商业宣传为目的，引人注目的视觉效果达到宣传某种商品或服务的目的。设计时要表现商业主题、突出重点，不宜太花哨。

● 展览海报设计：展览海报主要用于展览会的宣传，常分布于街道、影剧院、展览会、商业闹区、车站、码头、公园等公共场所。它具有传播信息的作用，涉及内容广泛，艺术表现力丰富，远视效果强。

● 平面海报设计：平面海报设计不同于海报设计，它是单体的、独立的一种海报广告文案，这种海报往往需要更多的抽象表达。平面海报设计时没有那么多的拘束，可以是随意的一笔，只要能表达出宣传的主体就很好。所以平面海报设计是比较受现代广告界青睐的一种低成本、观赏力强的画报。

海报广告分类

海报按其应用不同，大致可以分为商业海报、文化海报、电影海报和公益海报等，这里对它们做大概的介绍。

（1）商业海报

商业海报是指宣传商品或商业服务的商业广告性海报。商业海报的设计，要恰当地配合产品的格调和受众对象。

（2）文化海报

文化海报是指各种社会文娱活动及各类展览的宣传海报。展览的种类很多，不同的展览都有它各自的特点，设计师需要了解展览和活动的内容，才能运用恰当的方法表现其内容和风格。

（3）电影海报

电影海报是海报的分支，主要起到吸引观众注意、刺激电影票房收入的作用，与戏剧海报、文化海报等有几分类似。

（4）公益海报

社会公益海报是带有一定思想性的。这类海报具有特定的对公众的教育意义，其海报主题包括各种社会道德的宣传，政治思想的宣传，或弘扬爱心奉献、共同进步的精神等。

海报广告构成

海报广告必须有相当的视觉艺术感染力和主题号召力，通过运用图像、文字、色彩、修饰、版式等因素，形成强烈的视觉效果。设计时不必太烦琐，简洁明了的设计是最便于大家记住的，效果主题不明确或者是过于复杂，都会使人不知所云，失去继续看下去的兴趣。

（1）图像

图像是海报广告的主要构成要素，它能够形象地表现广告主题。海报中的创意图像是吸引受众目光的重点，它可以是手绘插画、合成图像、摄影作品等，表现技法上有写实、超现实、卡通漫画、装饰等。在设计上需紧紧环绕广告主题，凸显商品信息，以达到宣传的功效。

（2）文字

文字在海报广告中占有举足轻重的角色，和图像比起来，文字传达的信息更加直接。现代海报设计中，许多设计师用心于文字的改进、创造、运用，他们依靠有感染力的字体及文字编排方式，创造出一个又一个的视觉惊喜。在这些海报广告中，我们看到文字有大小对比、字体对比、颜色对比、虚实对比等，通过多样的文字一样可以构建出多层次、多角度的视觉效果。

（3）配色

图像可以按照不同的颜色调和进行相配。同种色具有相同色相，不同明度和纯度的色彩调和，保持色相值不变，在明度、纯度的变化上形成强弱、高低的对比，以弥补同色调和的单调感；类似色以色相接近的某类色彩，如红与橙、蓝与紫等的调和，称为类似色的调和，它主要靠类似色之间的共同色来产生作用，色环保持在 60°以内；对比色之间具有类似色的关系，也可起到调和的作用。色环 120°～180°的颜色，具体的颜色搭配大家可以参考如图 8-1 所示的色环。图像和文字都脱离不了色彩的表现，色彩有先声夺人的功能，海报广告的配色要切合主题、简洁明快、新颖有力，对比度、感知度的把握是个关键。

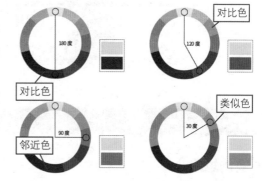

图 8-1

（4）修饰

海报中的图像或文字，如果只是单纯地进行摆放，效果虽然出来了，但是有时总是感觉好像缺点什么，这时就可以通过简单修饰点缀来提升整体的视觉感染力。修饰可以是线条，可以是图形，也可以是背景中半透明的效果，等等。

（5）版式

　　一个想要吸引浏览者目光的海报，是需要有自己独特版式的，传统概念下的版式是不具备如此魅力的。当今好的海报广告，其版式设计都是比较自由的。自由版式是对排版秩序结构的分解，不是用清晰的思路与规律去把握设计，没有传统版式的严谨对称，没有栏的条块分割，没有标准化，在对点、线、面等元素的组织中，强调个性发挥的表现力，追求版面多元化。

海报广告设计欣赏

 实例 40　公益海报设计

（**实例思路**）---

　　公益海报在设计时分为直版和横版两种，可根据设计的内容来选择适合的版式。本例以森林中一棵树作为分界，右侧的绿色代表正常生态，左侧的黑色区域文字云代表被毁掉的一半，而且是用文字进行替代的有理有据的破坏，意为为了人类可以破坏大自然的生态。本例首先置入素材，再使用✂（剪刀工具）分割素材，将左半部分完全删除后，用✎（钢笔工具）绘制图形，再使用 T.（文字工具）输入合适的文字，将其作为文字云效果。主体部分制作完成后，上部以文字作为标题，下部用图形和文字作为海报的内容说明，具体操作流程如图 8-2 所示。

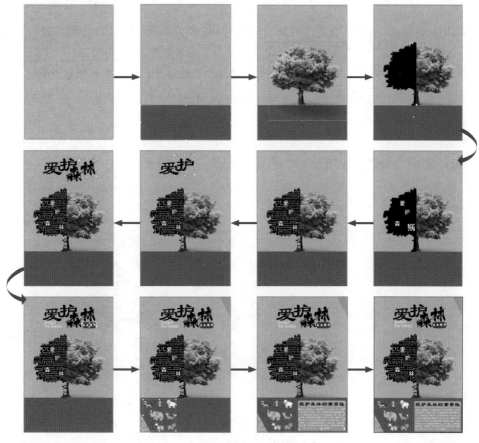

图 8-2

版面布局

　　本例以上中下结构的形式进行排列，中间部分也就是图像是主体部分，是整个海报的第一视觉点。上部以文字拼叠的方式制作海报的标题内容，下部以图形结合文本的方式对海报内容进行了详细表述，如图 8-3 所示。

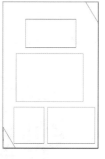

图 8-3

实例要点

▶▶ 新建文档　　　　　　　　　　　▶▶ 使用钢笔工具绘制图形

▶▶ 使用矩形工具绘制矩形　　　　　▶▶ 使用文字工具输入文字

▶▶ 置入素材　　　　　　　　　　　▶▶ 通过"角选项"命令调整圆角矩形

▶▶ 使用剪刀工具分割素材　　　　　▶▶ 设置不透明度

操作步骤

步骤 01 启动 Indesign CC 软件，新建空白文档，设置"页数"为1，不勾选"对页"复选框，设置"宽度"为 570 毫米、"高度"为 840 毫米，设置"出血"为 3 毫米，单击"边距和分栏"按钮，在弹出的"新建边距和分栏"对话框中，设置"边距"为 0 毫米，设置完成单击"确定"按钮。

步骤 02 使用 ▣（矩形工具）在页面中根据出血线绘制一个矩形，将其填充为"C:0，M:37，Y:100，K:0"颜色，如图 8-4 所示。

步骤 03 复制矩形，得到一个副本，使用 ▶（选择工具）将矩形副本调矮，再设置填充颜色为"C:37，M:79，Y:84，K:0"，如图 8-5 所示。

步骤 04 执行菜单"文件 / 置入"命令，打开"置入"对话框，选择随书附带的"素材 \08\ 大树 .png"素材，如图 8-6 所示。

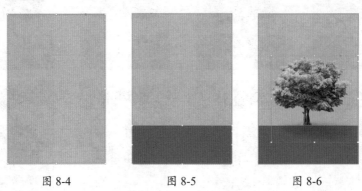

图 8-4　　　　　　　图 8-5　　　　　　　图 8-6

步骤 05 使用 ✂（剪刀工具）将导入的树水平分成两个部分，如图 8-7 所示。

步骤 06 使用 ✍（钢笔工具）在左半部分绘制一个封闭的图形，为其填充黑色，再将左侧的树删除，效果如图 8-8 所示。

步骤 07 使用 Ⓣ（文字工具）在黑色的区域输入文字"爱护森林"，设置字体为"文鼎 CS 大黑"，大小根据页面自行调整，效果如图 8-9 所示。

图 8-7　　　　　　　图 8-8　　　　　　　图 8-9

步骤 08 使用 Ⓣ（文字工具）在黑色区域的中文文字周围输入英文 protect the forests，设置字体为"Adobe 宋体 Std"，根据位置随时调整文字大小，效果如图 8-10 所示。

图 8-10

步骤 09 在黑色的树干区域输入中文和英文，效果如图 8-11 所示。

步骤 10 使用 T（文字工具）在树的顶部输入文字"爱护"，设置字体为"微软简隶书"，设置字体大小为 365 点，将两个文字进行位置上的调整，效果如图 8-12 所示。

图 8-11   图 8-12

步骤 11 使用 T（文字工具）在树的顶部输入文字"森林"，设置字体为 HOT-Ninja Std，设置字体大小为 311 点，将两个文字进行位置上的调整，效果如图 8-13 所示。

步骤 12 使用 T（文字工具）在"爱"字的下方输入白色英文 protect the forests，设置字体为 Arial，根据位置调整文字大小，效果如图 8-14 所示。

图 8-13   图 8-14

步骤 13 使用 □（矩形工具）在"林"字下面绘制一个红色的矩形，如图 8-15 所示。

步骤 14 执行菜单"对象 / 角选项"命令，打开"角选项"对话框，设置转角大小为 26 毫米、形状为"圆角"，如图 8-16 所示。

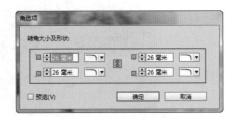

图 8-15

图 8-16

步骤⑮ 设置完成单击"确定"按钮,效果如图 8-17 所示。

步骤⑯ 使用 T (文字工具)在红色的圆角矩形上,输入白色文字"人人有责",设置字体为"汉仪嘟嘟体简",字体大小根据圆角矩形自行调整,效果如图 8-18 所示。

步骤⑰ 使用 (钢笔工具)在右上角和左下角处分别绘制绿色封闭图形,效果如图 8-19 所示。

图 8-17

图 8-18

图 8-19

技巧: 要想在对角得到两个大小一致的图形,可以在绘制一个图形后,通过复制副本并单击 (水平翻转)按钮和 (垂直翻转)按钮,将翻转后的图形移动到合适位置,此时两个图形大小一致。

步骤⑱ 使用 T (文字工具)输入白色文字后,对文字进行旋转,效果如图 8-20 所示。

步骤⑲ 执行菜单"文件 / 置入"命令,置入随书附带的"素材 \08\ 小动物 .ai"素材,将其置于旋转文字右侧,调整素材的大小和位置,效果如图 8-21 所示。

步骤⑳ 使用 (矩形工具)在小动物后面绘制一个"C:0, M:37, Y:100, K:0"颜色的矩形,效果如图 8-22 所示。

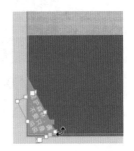

图 8-20

步骤㉑ 执行菜单"对象 / 角选项"命令,打开"角选项"对话框,设置转角大小为"10 毫米",上面两个形状为"圆角",下面两个形状为"无",设置完成单击"确定"按钮,效果如图 8-23 所示。

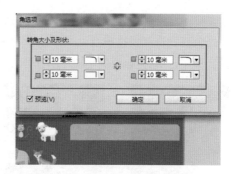

图 8-21   图 8-22   图 8-23

步骤 22 使用 □ （矩形工具）绘制一个白色矩形，设置 "不透明度" 为 39%，效果如图 8-24 所示。

图 8-24

步骤 23 使用 T （文字工具）输入文字，设置黑色文字的字体为 "微软简隶书"，白色文字的字体为 "Adobe 宋体 Std"， "行距" 为 48 毫米，效果如图 8-25 所示。

步骤 24 至此本例制作完成，效果如图 8-26 所示。

图 8-25   图 8-26

实例 41　电影海报设计

（实例思路）---

这里的电影海报是一款科幻类型的，以人物俯视海面作为整个海报的背景来体现出科幻的效果。本例中以矩形作为图形块，设置混合模式后将矩形和图像相融合，再在图像中间使用 T

（文字工具）输入文字，为文字创建轮廓，使用 ▶ （直接选择工具）对文字图形进行编辑，再通过"路径查找器"面板设置处交叉区域，剩余部分都是输入文字，调整文字字体和大小使其产生对比效果，具体操作流程如图 8-27 所示。

图 8-27

版面布局

　　本例以上中下垂直结构的形式进行排列，上中下细致划分为 4 个区域，从上向下依次为文字区域与图形混合、文字图形区域、文字区域与段落文本区、文字修饰区域，这 4 个区域整体上是按水平居中对齐的方式进行分布的，如图 8-28 所示。

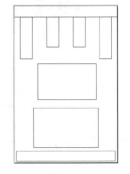

图 8-28

实例要点 --

▸ 新建文档　　　　　　　　　　▸ 为图形添加效果

▸ 置入素材　　　　　　　　　　▸ 输入文字

▸ 使用"矩形工具"绘制矩形　　　▸ 创建轮廓

▸ 设置混合模式　　　　　　　　▸ 在"路径查找器"面板中设置交叉

操作步骤 --

步骤01 启动 Indesign CC 软件，新建空白文档，设置"页数"为 1，不勾选"对页"复选框，设置"宽度"为 357 毫米、"高度"为 530 毫米，设置"出血"为 3 毫米，单击"边距和分栏"按钮，在弹出的"新建边距和分栏"对话框中，设置"边距"为 0 毫米，设置完成单击"确定"按钮。

步骤02 执行菜单"文件 / 置入"命令，置入随书附带的"素材 \08\ 电影海报背景 .jpg"素材，按照出血线调整素材的大小，效果如图 8-29 所示。

步骤03 使用 ▢（矩形工具）在页面的顶部绘制一个黑色矩形，设置混合模式为"叠加"，效果如图 8-30 所示。

　　　　　图 8-29　　　　　　　　　　　　　　　图 8-30

步骤04 使用 ▢（矩形工具）在页面中绘制 4 个矩形，分别填充为黑色、白色和绿色，效果如图 8-31 所示。

步骤05 将 4 个小矩形一同选取，设置混合模式为"叠加"，效果如图 8-32 所示。

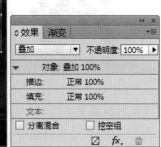

　　　　　图 8-31　　　　　　　　　　　　　　　图 8-32

步骤 06 使用 T (文字工具) 在文档中输入文字, 为文字设置不同的字体和颜色, 效果如图 8-33 所示。

步骤 07 使用 T (文字工具) 在文档外侧输入文字 "深海浩劫", 设置字体为 "文鼎 CS 大黑", 效果如图 8-34 所示。

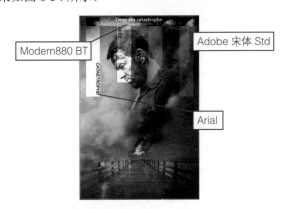

图 8-33   图 8-34

步骤 08 选择文字, 执行菜单 "文字 / 创建轮廓" 命令, 将文字转换成图形, 使用 (直接选择工具) 调整文字图形的形状, 效果如图 8-35 所示。

步骤 09 使用 (钢笔工具) 在 "海" 字中绘制一个封闭图形, 效果如图 8-36 所示。

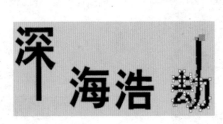

图 8-35   图 8-36

步骤 10 使用 (选择工具) 将封闭图形和海字图形一同选取, 在 "路径查找器" 面板中单击 (交叉) 按钮, 效果如图 8-37 所示。

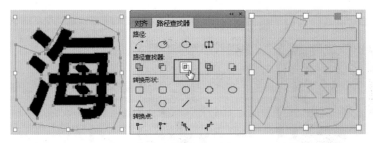

图 8-37

步骤 11 为相交的区域填充黑色, 将其拖曳到 "深" 字图形的右侧, 使用 (直接选择工具) 调整 "深" 字图形的形状, 效果如图 8-38 所示。

步骤⑫ 将另两个字进行编辑后，将其调整到"海"字的后面，效果如图 8-39 所示。

图 8-38   图 8-39

步骤⑬ 将文字图形框选，按 Ctrl+G 快捷键将其群组，再将其拖曳到文档中，设置填充色为灰色，效果如图 8-40 所示。

步骤⑭ 执行菜单"对象 / 效果 / 斜面和浮雕"命令，打开"效果"对话框，其中的参数值设置如图 8-41 所示。

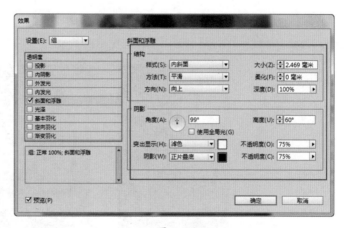

图 8-40   图 8-41

步骤⑮ 在"效果"对话框中选择左侧的"外发光"项，在右侧设置各项参数值，如图 8-42 所示。

图 8-42

步骤⑯ 在"效果"对话框中选择左侧的"内阴影"项，在右侧设置各项参数值，如图 8-43 所示。

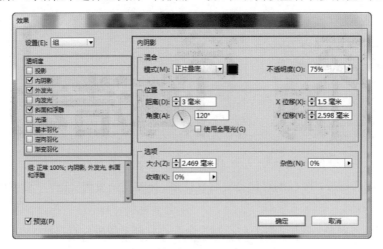

图 8-43

步骤⑰ 设置完成单击"确定"按钮，效果如图 8-44 所示。

步骤⑱ 使用 ▣ (矩形工具) 在文字周围绘制 3 个绿色矩形，效果如图 8-45 所示。

图 8-44   图 8-45

步骤⑲ 选择 3 个绿色矩形，设置混合模式为"叠加"，效果如图 8-46 所示。

图 8-46

步骤⑳ 使用 T (文字工具) 在绿色矩形上输入文字，设置字体为"Modern880 BT"，效果如图 8-47 所示。

步骤㉑ 使用 T (文字工具) 在下方继续输入文字，分别设置为不同的字体和大小，效果如图 8-48 所示。

文鼎 CS 大黑

Adobe 宋体 Std

Modern880 BT

图 8-47 图 8-48

步骤 22 使用 T（文字工具）在文字下方拖曳出文本框后，输入段落文本，设置文本为水平居中对齐，效果如图 8-49 所示。

步骤 23 使用 T（文字工具）在底部在输入文字，设置文字字体和文字大小，至此本例制作完成，效果如图 8-50 所示。

图 8-49 图 8-50

实例 42 文化海报设计

（实例思路） --

本例中的文化海报所要表达的内容是我国的"礼"文化，背景部分由我国的水墨画、古建筑组成；主体部分以墨点笔触结合书法文字来进行显示，使其更加符合我国的文化；修饰部分用文字和图形共同组成。案例主要用矩形和置入素材之间的混合模式和不透明度来调整背景部分，使用 T（文字工具）输入文字并进行布局设置，再为文字创建轮廓，将图像放置到文字图形的内部，具体操作流程如图 8-51 所示。

图 8-51

版面布局

本例以上中下垂直结构的形式进行排列，按照中轴线以水平居中的方式为对象进行分布布局，上中下细致划分为 4 个区域，从上向下依次为文字区域与图像混合、文字图形与图形区域、文字区域文本区、文字图形修饰区域，如图 8-52 所示。

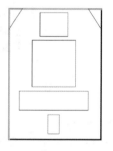

图 8-52

实例要点

- ▶▶ 新建文档
- ▶▶ 使用矩形工具绘制矩形
- ▶▶ 置入素材
- ▶▶ 设置混合模式和不透明度
- ▶▶ 输入文字

- ▶▶ 创建轮廓
- ▶▶ 将图像置入到文字内
- ▶▶ 使用剪刀工具分割矩形框
- ▶▶ 为矩形框设置转角形状

操作步骤 ┄┄

步骤 01 启动 Indesign CC 软件，新建空白文档，设置"页数"为 1，不勾选"对页"复选框，设置"宽度"为 260 毫米、"高度"为 360 毫米，设置"出血"为 3 毫米，单击"边距和分栏"按钮，在弹出的"新建边距和分栏"对话框中，设置"边距"为 0 毫米，设置完成单击"确定"按钮，新建文档。

步骤 02 使用 ▣（矩形工具）绘制一个与出血线大小一致的矩形，填充为"C:0，M:4，Y:13，K:0"颜色，效果如图 8-53 所示。

步骤 03 执行菜单"文件 / 置入"命令，置入随书附带的"素材 \08\ 水墨画 .jpg"素材，按照出血线调整框架的大小，执行菜单"对象 / 适合 / 使对象适合框架"命令，效果如图 8-54 所示。

图 8-53

图 8-54

步骤 04 设置混合模式为"正片叠底"、"不透明度"为 51%，效果如图 8-55 所示。

步骤 05 执行菜单"文件 / 置入"命令，置入随书附带的"素材 \08\ 古建筑 .jpg"素材，调整素材的大小和位置，效果如图 8-56 所示。

图 8-55

图 8-56

步骤 06 使用 ▦（渐变羽化工具）从下向上拖曳鼠标，效果如图 8-57 所示。

步骤 07 设置"不透明度"为 33%，效果如图 8-58 所示。

步骤 08 执行菜单"文件 / 置入"命令，置入随书附带的"素材 \08\ 墨点 .png"素材，调整素材的大小和位置，效果如图 8-59 所示。

图 8-57   图 8-58   图 8-59

步骤 09 使用 T,（文字工具）在页面中输入文字，效果如图 8-60 所示。

步骤 10 选择输入的文字，执行菜单"文字 / 创建轮廓"命令，将文字转换成图形，效果如图 8-61
所示。

步骤 11 选择"礼"字图形，执行菜单"文件 / 置入"命令，置入随书附带的"素材 \08\ 古建筑 .jpg"
素材，将素材放置到文字图形中，使用 ▶,（选择工具）双击文字图形后，调整素材的大小和位
置，再对素材进行旋转，效果如图 8-62 所示。

图 8-60   图 8-61   图 8-62

步骤 12 使用同样的方法，在另外 3 个文字图形中置入图像并调整，再为文字图形设置一个"红
色"描边，效果如图 8-63 所示。

步骤 13 使用 □（矩形工具）在图像上绘制一个红色矩形，再使用 T,（文字工具）在红色矩形
上输入白色文字，效果如图 8-64 所示。

图 8-63   图 8-64

步骤⑭ 复制一个"礼"字图形副本，调整大小后，设置"不透明度"为19%，效果如图8-65所示。

步骤⑮ 使用⚊（直线工具）绘制3条直线，再使用🅣（文字工具）输入文字，效果如图8-66所示。

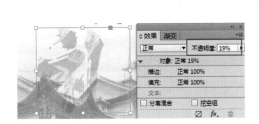

图 8-65

图 8-66

步骤⑯ 使用🅣（文字工具）输入黑色文字，选择一个毛笔字体。复制一个文字副本，调整大小和位置后，设置"不透明度"为5%，效果如图8-67所示。

步骤⑰ 使用⚊（直线工具）绘制4条斜线，再使用🅣（文字工具）输入文字，效果如图8-68所示。

图 8-67

图 8-68

步骤⑱ 使用🅣（文字工具）输入"C:0，M:62，Y:100，K:25"颜色的文字，效果如图8-69所示。

步骤⑲ 使用▢（矩形工具）绘制一个矩形框，使用✂（剪刀工具）将矩形框进行切割，效果如图8-70所示。

图 8-69

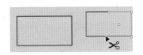

图 8-70

步骤⑳ 框选矩形框，在属性栏中设置转角形状为"花式"，效果如图8-71所示。

步骤 ㉑ 将切割后的矩形分别调整到文字两边，复制副本后调整大小，效果如图 8-72 所示。

图 8-71　　　　　　　图 8-72

技巧：使用 ✎（钢笔工具）绘制拐角图形后，在属性栏中设置转角形状，同样可以得到想要的转角形状。

步骤 ㉒ 复制两个红色正圆，再使用 T（文字工具）输入白色文字，效果如图 8-73 所示。

步骤 ㉓ 执行菜单"文件/置入"命令，置入随书附带的"素材\08\祥云.png"素材，复制 3 个副本，分别调整大小，再为其分别设置混合模式为"叠加"和"正片叠底"，效果如图 8-74 所示。

图 8-73　　　　　　　图 8-74

步骤 ㉔ 执行菜单"文件/置入"命令，置入随书附带的"素材\08\竹叶.png"素材，镜像复制一个副本，分别调整位置和大小，至此本例制作完成，效果如图 8-75 所示。

图 8-75

第 9 章

宣传画册设计与制作

宣传画册不是一般的商品,而是一种文化。因此在宣传画册的版式设计中,哪怕是一根线、一行字、一个抽象符号或一两块色彩,都需要具有一定的设计思想。即要有内容,同时又要具有美感,从而使宣传画册雅俗共赏。

本章内容

▶ 世博会展示画册内页制作　　▶ 菜单内页制作

▶ 饭店就餐宣传画册内页制作

学习宣传画册设计，应对以下几点进行了解：

▶▶ 宣传画册的概述　　　　　　　　　　▶▶ 宣传画册的版式类型

▶▶ 宣传画册的内容与形式　　　　　　　▶▶ 宣传画册的分类

宣传画册的概述

对于企业而言，宣传画册是企业的一张名片，它包含着企业的文化、荣誉和产品等内容，展示了企业的精神和理念。宣传画册必须能够正确传达企业的文化内涵，同时给受众带来卓越的视觉感受，进而达到宣传企业文化和提升企业价值的作用。

宣传画册的内容与形式

在现代商务活动中，画册在企业形象的推广和产品营销中的作用越来越大，宣传画册可以展示企业的文化、传达理念、提升企业的品牌形象，起着沟通桥梁的作用。

宣传画册是企业使用频率非常高的印刷品之一，画册内容包括公司宣传、商场介绍，文艺演出、产品、美术展览内容介绍，企业的产品宣传广告样本，年度报告，交通、旅游指南，等等。宣传画册易邮寄、归档，携带方便，有折叠（对折、三折、四折等）、装订、带插袋等形式，大小常为 32 开、24 开、16 开。当然，在宣传画册的设计过程中，也可以根据信息容量、客户需求、设计创意等具体情况自定尺寸。

宣传画册的版式类型

在画册版式设计中，可分为骨骼型、满版型、上下分割型、左右分割型、中轴型、曲线型、倾斜型、对称型、重心型、三角形、并置型、自由型和四角形等 13 种，简单介绍如下。

（1）骨骼型

骨骼型版式是规范的、理性的分割方法。常见的骨骼有竖向通栏、双栏、三栏和四栏等，一般以竖向分栏为多。在图片和文字的编排上，严格按照骨骼比例进行配置，给人以严谨、和谐及理性的美。骨骼经过相互混合后，既理性有条理，又活泼而具有弹性。

（2）满版型

版面以图像充满整版，主要以图像为对象，视觉传达直观而强烈；文字压置在上下、左右或中部（边部和中心）的图像上。满版型给人大方和舒展的感觉，是商品广告常用的形式。

（3）上下分割型

整个版面分成上下两部分，在上半部或下半部配置图片（可以是单幅或多幅），另一部分则配置文字。图片部分感性而有活力，而文字则理性而静止。

（4）左右分割型

整个版面分割为左右两部分，分别配置文字和图片。左右两部分形成强弱对比时，能造成视觉心理的不平衡。但这仅是视觉习惯（左右对称）上的问题，它不如上下分割型的视觉流程自然。如果将分割线虚化处理，或用文字左右重复穿插，图与文字会变得自然和谐。

（5）中轴型

将图形作水平方向或垂直方向排列，文字配置在上下或左右。水平排列的版面，给人稳定、安静、平和与含蓄之感。垂直排列的版面，给人强烈的动感。

（6）曲线型

图片和文字排列成曲线，产生韵律与节奏的感觉。

（7）倾斜型

版面主体形象或多幅图像作倾斜编排，形成版面强烈的动感和不稳定因素，引人注目。

（8）对称型

对称的版式给人稳定和理性的感受。对称分为绝对对称和相对对称，一般多采用相对对称手法，以避免过于严谨。对称一般以左右对称居多。

（9）重心型

重心型版式产生视觉焦点，使其更加突出。向心是视觉元素向版面中心聚拢的运动。离心是犹如石子投入水中，产生一圈一圈向外扩散的弧线的运动。

（10）三角形

在圆形、矩形或三角形等基本图形中，正三角形（金字塔形）是最具安全稳定性的因素。

（11）并置型

将相同或不同的图片作大小相同而位置不同的重复排列。并置型构成的版面有比较和解说的意味，给予原本复杂喧闹的版面以秩序、安静、调和与节奏感。

（12）自由型

无规律的、随意的编排构成，有活泼和轻快的感觉。

（13）四角形

在版面四角以及连接四角的对角线结构上编排图形，给人严谨和规范的感觉。

宣传画册的分类

一本精美的画册是企业形象宣传的最有效工具之一，可以提升品牌价值，打造企业影响力。企业宣传画册在分类中可以分为展示型、宣传解决型和思想型 3 种类型，现简单介绍如下。

（1）展示型

展示型宣传画册和折页主要用来展示企业的优势，非常注重企业的整体形象。画册的使用周期一般为一年。

（2）宣传解决型

宣传解决型画册主要用来解决企业的营销问题和增大品牌知名度等，适合于发展快速、新上市、需转型或处在转折期的企业，比较注重企业的产品和品牌理念。画册的使用周期较短。

（3）思想型

思想型宣传画册一般出现在领导型企业，比较注重的是企业思想的传达，使用周期为一年。

宣传画册设计欣赏

 实例43 世博会展示画册内页制作

实例思路 --

　　本例中的宣传画册是世博会展示画册内页效果，根据展示的内容，将其放置在了两个页面中，使其成为一个对页效果。本例以世博会的中国馆图片作为整个图像的底图，两个页面打开后会展示一张图片，在视觉中给人一种磅礴大气的感觉。本例首先置入素材，调整大小和图形位置，再通过 (钢笔工具)绘制图形，然后使用 **T** (文字工具)输入合适的文字，通过 (矩形工具）、⬭（椭圆工具）绘制图形，设置不透明度后，使用▨（渐变羽化工具）编辑图形羽化效果，使用T（文字工具）创建文本框，再插入表格并调整，具体操作流程如图 9-1 所示。

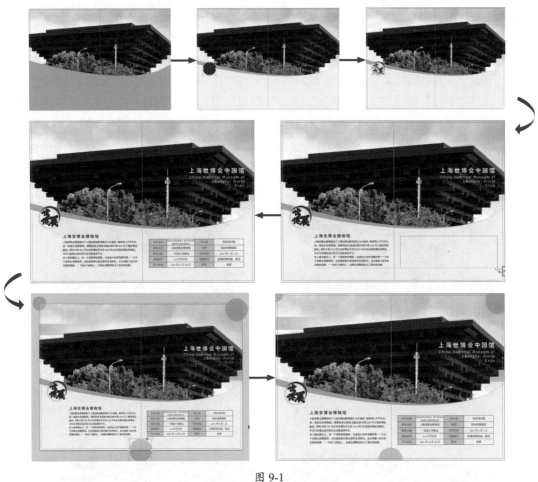

图 9-1

版面布局

本例以上下结构的形式进行排列，上部是图像，用来展现整个博物馆；下部是绘制的图形和文字，既起到平衡整体作用，又起到了点缀整体的效果，如图 9-2 所示。

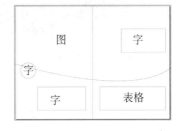

图 9-2

实例要点

▶▶ 新建文档

▶▶ 置入素材

▶▶ 使用钢笔工具绘制图形

▶▶ 使用文字工具输入文字

▶▶ 添加"投影"效果

▶▶ 置入文本

▶▶ 设置不透明度

▶▶ 插入表格

（操作步骤）- -

步骤01 启动 Indesign CC 软件，新建空白文档，设置"页数"为 3，勾选"对页"复选框，设置"宽度"为 185 毫米、"高度"为 260 毫米，设置"出血"为 3 毫米，单击"边距和分栏"按钮，在弹出的"新建边距和分栏"对话框中，设置"边距"为 0 毫米，设置完成单击"确定"按钮。

步骤02 选择 2-3 页，执行菜单"文件 / 置入"命令，打开"置入"对话框，选择随书附带的"素材 \09\ 博物馆 .jpg"素材，在页面中按照出血线拖出框架，再使用 🖈（直接选择工具）调整框架内的图像位置和大小，效果如图 9-3 所示。

步骤03 使用 ✐（钢笔工具），在 2-3 页面的下半部分绘制一个封闭的灰色图形，效果如图 9-4 所示。

图 9-3   图 9-4

步骤04 复制一个副本，使用 🖈（直接选择工具）调整副本左上角的控制点，将其向下拖曳调整图形，再将其填充为淡灰色，效果如图 9-5 所示。

步骤05 使用 ◯（椭圆工具）在第 2 页上绘制一个正圆，使用 ✐（吸管工具）在博物馆的红色图像上单击，将正圆按吸取的颜色进行填充，效果如图 9-6 所示。

图 9-5   图 9-6

步骤06 复制正圆，将其向下移动一点位置后，在 ▣（渐变工具）上双击，打开"渐变"面板，设置"类型"为"径向"，设置从左到右的渐变颜色依次为"C:0，M:0，Y:0，K:0""C:4，M:0，Y:38，K:0""C:36，M:0，Y:87，K:0"，效果如图 9-7 所示。

步骤07 使用 T（文字工具）在第 2 页上输入文字，选择一个毛笔字体，使用 ✐（吸管工具）在博物馆的红色图像上单击，将正圆按吸取的颜色进行填充，效果如图 9-8 所示。

步骤08 使用 🖈（选择工具）选择文字，执行菜单"对象 / 效果 / 投影"命令，打开"效果"对话框，其中的参数值设置如图 9-9 所示。

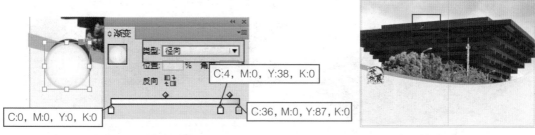

图 9-7   图 9-8

图 9-9

步骤 09 设置完成单击"确定"按钮，效果如图 9-10 所示。

步骤 10 使用 T (文字工具)在第 3 页上输入白色中文和英文，中文设置字体为"文鼎 CS 大黑"、英文设置字体为 Arial，将文字设置成右对齐效果，如图 9-11 所示。

图 9-10   图 9-11

步骤 11 使用 T (文字工具)在第 2 页输入灰色中文，设置字体为"文鼎 CS 大黑"，字体大小根据页面自行调整，效果如图 9-12 所示。

步骤 12 执行菜单"文件 / 置入"命令，打开"置入"对话框，选择随书附带的"素材 \09\ 上海世博会 .txt"文本，在页面中拖曳出文本框，设置字体为"Adobe 宋体 Std"、字体大小为 11 点、行距为 18 点，效果如图 9-13 所示。

步骤 13 使用 T (文字工具)在第 3 页的底部拖出一个文本框，如图 9-14 所示。

步骤 14 执行菜单"表 / 插入表"命令，打开"插入表"对话框，设置"正文行"为 5、"列"为 4，其他参数不变，设置完成单击"确定"按钮，效果如图 9-15 所示。

图 9-12

图 9-13

图 9-14

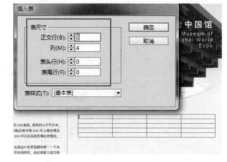
图 9-15

步骤⑮ 使用 T（文字工具）在表格的右下角处拖曳，调整表格的高度，效果如图 9-16 所示。

步骤⑯ 使用 T（文字工具）选择表格，在属性栏中将表格设置为"水平居中"、文本设置为"水平对齐"，效果如图 9-17 所示。

图 9-16

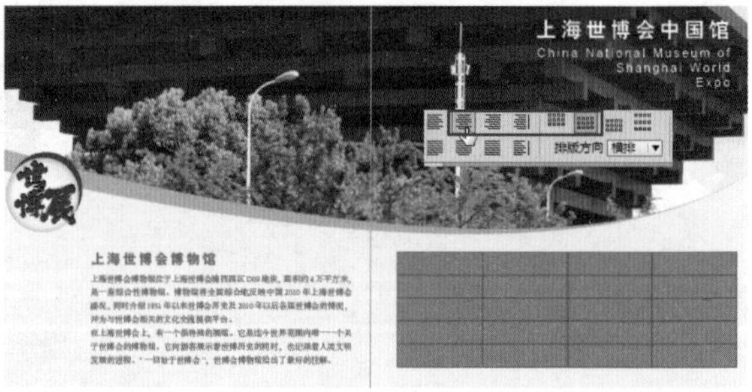

图 9-17

步骤⑰ 使用 T（文字工具）调整表格中的列宽，效果如图 9-18 所示。

步骤⑱ 使用 T（文字工具）选择第 1 列和第 3 列，将其填充为灰色，效果如图 9-19 所示。

步骤⑲ 使用 T（文字工具）在表格中输入文字，效果如图 9-20 所示。

步骤⑳ 使用 （矩形工具）在第 2 页绘制一个红色矩形，设置"不透明度"为 27%，效果如图 9-21 所示。

步骤㉑ 使用 （渐变羽化工具）在矩形上水平拖曳，为其设置一个羽化效果，如图 9-22 所示。

步骤㉒ 复制一个矩形副本，将其拖曳到第 3 页中，单击属性栏中 （水平翻转）按钮，效果如

图 9-23 所示。

图 9-18

图 9-19

图 9-20

图 9-21

图 9-22

图 9-23

步骤23 使用 ◯（椭圆工具）分别在底页的左上角、第 3 页的右上角、第 2-3 页的中间底部绘制红色正圆，设置"不透明度"为 27%，效果如图 9-24 所示。

步骤24 至此本例制作完成，效果如图 9-25所示。

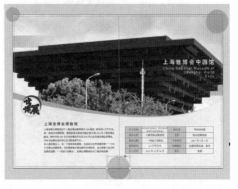

图 9-24

图 9-25

 实例 44 饭店就餐宣传画册内页制作

（实例思路） --

本例是一款用于餐馆的宣传画册，本例中将两个页面制作成了黑白对比的效果，会增加视觉冲击力，第 2 页中通过绘制的矩形、置入的 Logo 和素材以及输入的文字来进行版式的排版，第 3 页以深色矩形作为背景，通过复制的 Logo 和输入的文字来排列版面，具体操作流程如图 9-26 所示。

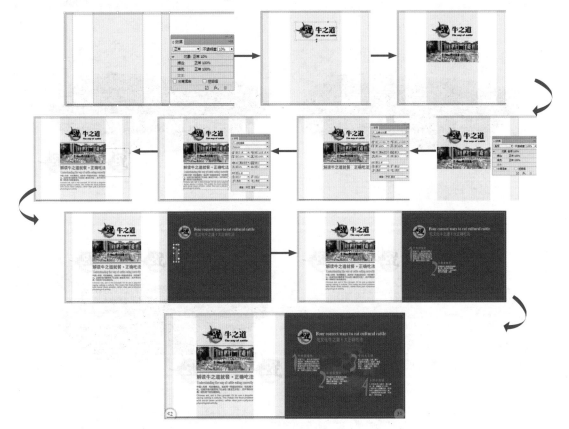

图 9-26

版面布局

本例中按两个页面中的内容分别进行排列，并对图像与文字进行混合排列。第2页除背景以外的对象按照水平居中对齐的方式进行排列，中间的图像部分进行矩形块大小的排列，之后将其看作一个整体。第3页中的内容以分组分布的方式进行布局，目的是让版面看起来不那么死板，如图9-27所示。

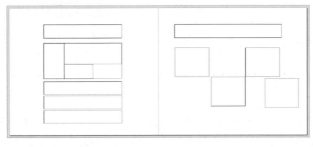

图 9-27

（实例要点）

▶ 新建文档   ▶ 置入素材

▶ 使用矩形工具绘制矩形   ▶ 输入文字

▶ 设置不透明度和混合模式

（操作步骤）

步骤01 启动 Indesign CC 软件，新建空白文档，设置"页数"为3，勾选"对页"复选框，设置"宽度"为180毫米、"高度"为150毫米，设置"出血"为3毫米，单击"边距和分栏"按钮，在弹出的"新建边距和分栏"对话框中，设置"边距"为0毫米，设置完成单击"确定"按钮。

步骤02 首先制作第2页中的内容。使用 ▢ （矩形工具）在第2页上绘制3个黑色矩形，效果如图9-28所示。

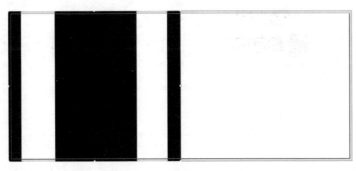

图 9-28

步骤03 使用 ▶ （选择工具）将3个矩形一同选取，在"效果"面板中设置"不透明度"为

10%，效果如图 9-29 所示。

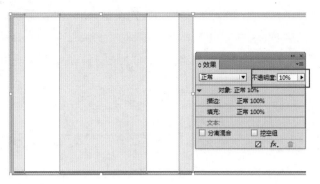

图 9-29

步骤 04 执行菜单"文件 / 置入"命令，打开"置入"对话框，选择随书附带的"素材 \09\logo.ai"素材，在第 2 页中调整 Logo 的大小和位置，再调整框架的大小，只显示上面的 Logo，效果如图 9-30 所示。

步骤 05 执行菜单"文件 / 置入"命令，打开"置入"对话框，选择随书附带的"素材 \09\001.jpg"素材，在第 2 页中调整素材的大小和位置，再调整框架的大小，效果如图 9-31 所示。

图 9-30　　　　　　　　　　　　图 9-31

步骤 06 再置入 002 素材，在第 2 页中调整素材的大小和位置，调整框架的大小。复制两个副本，调整大小和位置，效果如图 9-32 所示。

图 9-32

步骤 07 使用 ▣（矩形工具），在两个小 002 素材上绘制两个黑色矩形，设置混合模式为"色相"，效果如图 9-33 所示。

图 9-33

步骤⑧ 使用 ◢（直线工具）绘制一条"C:53，M:72，Y:100，K:20"颜色的线条，设置"粗细"为 2 点，效果如图 9-34 所示。

步骤⑨ 按住 Alt 键向下拖曳线条，复制一个副本，设置"粗细"为 4 点，效果如图 9-35 所示。

图 9-34   图 9-35

步骤⑩ 使用 T（文字工具）输入文字"解读牛之道 正确吃法"，设置颜色为"C:53，M:72，Y:100，K:20"、字体为"文鼎 CS 大黑"，字体大小根据素材的大小进行调整，效果如图 9-36 所示。

步骤⑪ 使用 □（矩形工具）在文字之间绘制一个矩形，设置颜色为"C:53，M:72，Y:100，K:20"，效果如图 9-37 所示。

图 9-36   图 9-37

步骤⑫ 在"路径查找器"面板中，单击 ◻（反向圆角矩形）按钮，效果如图 9-38 所示。

步骤⑬ 使用 T.（文字工具）输入英文，设置字体为 Modern880 BT，效果如图 9-39 所示。

图 9-38　　　　　　　　　　　　　　　　　　　　图 9-39

步骤⑭ 使用 T.（文字工具）输入英文和中文，设置字体为"微软雅黑"，如图 9-40 所示。

图 9-40

步骤⑮ 复制 Logo 调整框架后，再将 Logo 放大，然后设置"不透明度"为 9%，此时第 2 页制作完成，效果如图 9-41 所示。

图 9-41

步骤⑯ 下面制作第 3 页。使用 □（矩形工具）在第 3 页中绘制一个矩形，设置颜色为"C:0，M:17，Y:0，K:90"，效果图 9-42 所示。

步骤⑰ 使用 ○（椭圆工具）在第 3 页中绘制一个白色正圆，设置"不透明度"为 48%，效果如

图 9-43 所示。

步骤⑱ 复制 Logo，将其缩小后移动到白色正圆上面，效果如图 9-44 所示。

图 9-42

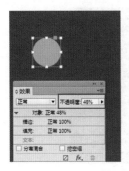

图 9-43

图 9-44

步骤⑲ 使用 T（文字工具）在 Logo 后面输入中文和英文，设置英文颜色为白色、描边颜色为"C:0，M:52，Y:40，K:47"、字体为"Modern880 BT"，设置中文颜色为"C:0，M:52，Y:40，K:47"、字体为"文鼎 CS 大黑"，效果如图 9-45 所示。

图 9-45

步骤⑳ 使用 T（文字工具）在第 3 页中输入数字"1"，设置字体为 Matisse ITC、颜色为"C:0，M:52，Y:40，K:47"，效果如图 9-46 所示。

步骤㉑ 使用 T（文字工具）在数字"1"后面输入文字，分别设置为不同的字体和大小，效果如图 9-47 所示。

步骤22 选择数字和后面的文字，复制副本后，将其移动到另外位置，更改文字内容，效果如图 9-48 所示。

图 9-46

图 9-47

图 9-48

步骤23 使用同样的方法，复制文字并改变文字内容，效果如图 9-49 所示。

图 9-49

步骤 24 复制 Logo，调整大小后，设置"不透明度"为 5%，效果如图 9-50 所示。

图 9-50

步骤 25 使用 ◎（椭圆工具）绘制两个白色正圆，设置描边颜色为黑色、描边粗细为 7 点，设置"不透明度"为 20%，效果如图 9-51 所示。

图 9-51

步骤 26 使用 T（文字工具）在两个正圆上输入黑色文字，至此本例制作完成，效果如图 9-52 所示。

图 9-52

技巧：在主页上拖出文本框后，执行菜单"文字/插入特殊符号/标志符/当前页码"命令，直接将奇数页中的当前页码直接复制到偶数页中，此时会在文档的页面中自动出现当前页的页码，如图 9-53 所示。

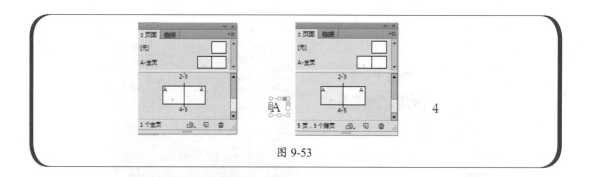

图 9-53

 实例 45　菜单内页制作

（实例思路）

　　在制作菜单时，首先要考虑的是此酒店经营的是何菜系，对于不同的菜系运用与之对应的色调，可以让酒店菜单给人以高端大气的感觉。本菜单针对的是川菜，在整体的设计思路上是偶数页为主菜推介，奇数页为本页面中对应的几个拿手菜。从图像中不难看出，第一视觉是左侧的菜品照片，看着非常的诱人；第二视觉是右上角的菜品，往下看就是以文字的形式进行设计布局的内容。案例主要以置入作为背景和主体图像，使用 T （文字工具）输入文字并进行布局设置，具体操作流程如图 9-54 所示。

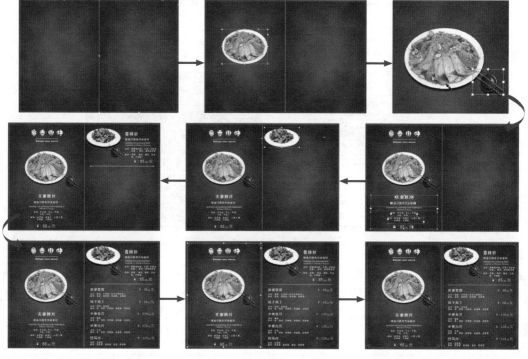

图 9-54

版面布局

本例是以跨页的方式进行单页细致的设计布局，每个页面都是按照传统的从上向下的方式进行排版，这也符合菜单设计概念的。如果将菜单版式设计得非常奇特，那么在客人点菜时就会觉得不方便，这样就会间接地对酒店产生不好的影响。布局如图 9-55 所示。

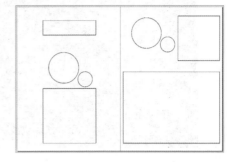

图 9-55

（实例要点）

▶ 新建文档　　　　　　　▶ 设置文字大小和文字字体
▶ 置入素材　　　　　　　▶ 绘制矩形和直线
▶ 添加"投影"效果　　　　▶ 设置角选项
▶ 输入文字

（操作步骤）

步骤01 启动 Indesign CC 软件，新建空白文档，设置"页数"为1，不勾选"对页"复选框，设置"宽度"为 260 毫米、"高度"为 360 毫米，设置"出血"为 3 毫米，单击"边距和分栏"按钮，在弹出的"新建边距和分栏"对话框中，设置"边距"为 0 毫米，设置完成单击"确定"按钮，如图 9-56 所示。

步骤02 在"页面"面板中选择2-3页，执行菜单"文件/置入"命令，置入随书附带的"素材\09\菜单背景.psd"素材，使用（选择工具）按照出血线调整位置和大小，效果如图 9-57 所示。

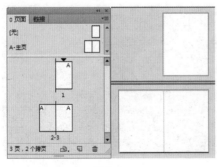

图 9-56

图 9-57

步骤03 按住 Alt 键拖曳第 2 页中的背景到第 3 页，得到一个副本，效果如图 9-58 所示。

步骤04 执行菜单"文件/置入"命令，置入随书附带的"素材\09\夫妻肺片抠图.psd"素材，调整素材的大小和位置，效果如图 9-59 所示。

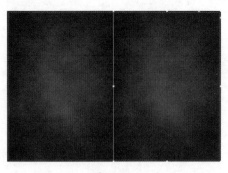
图 9-58

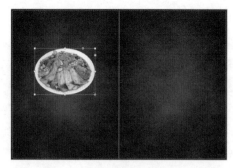
图 9-59

步骤 05 执行菜单"对象 / 效果 / 投影"命令，打开"效果"对话框，在其中设置"投影"的参数值，如图 9-60 所示。

图 9-60

步骤 06 设置完成单击"确定"按钮，效果如图 9-61 所示。

步骤 07 执行菜单"文件 / 置入"命令，置入随书附带的"素材 \09\ 碗 .psd"素材，调整素材的大小和位置，效果如图 9-62 所示。

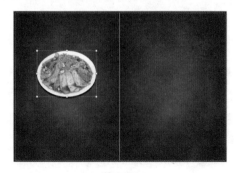

图 9-61

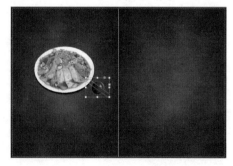
图 9-62

步骤 08 选择"碗"后，使用 吸管工具在"夫妻肺片"的阴影上单击，为"碗"复制阴影，效果如图 9-63 所示。

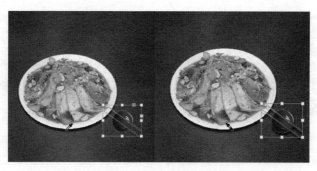

图 9-63

步骤 09 使用 T（文字工具）在"夫妻肺片"的上方输入文字，设置字体和字体大小，效果如图 9-64 所示。

步骤 10 使用 ╱（直线工具）在两行文字中间绘制"粗细"为 3 点的白色直线，效果如图 9-65 所示。

图 9-64

图 9-65

步骤 11 使用 T（文字工具）在"夫妻肺片"和"碗"的下方输入文字，将文字字体设置为"微软雅黑"，设置"居中对齐"，效果如图 9-66 所示。

步骤 12 执行菜单"文件 / 置入"命令，置入随书附带的"素材 \09\ 香辣虾抠图 .psd"素材，调整素材的大小和位置，效果如图 9-67 所示。

图 9-66

图 9-67

步骤 13 使用 ✐（吸管工具）在"夫妻肺片"的阴影上单击，为"香辣虾"复制阴影，效果如图 9-68 所示。

步骤 14 选择第 2 页中的"碗"素材后，按住 Alt 键的同时将其拖曳到第 3 页"香辣虾"的右下角处，复制一个副本，效果如图 9-69 所示。

图 9-68 图 9-69

步骤 15 使用 T (文字工具) 在"香辣虾"和"碗"的右侧输入文字,将文字字体设置为"微软雅黑",设置"左对齐",效果如图 9-70 所示。

步骤 16 使用 ✓ (直线工具) 在文字下方绘制"粗细"为 3 点的白色直线,效果如图 9-71 所示。

图 9-70 图 9-71

步骤 17 使用 T (文字工具) 输入文字,将文字字体设置为"微软雅黑",调整一下文字的大小,效果如图 9-72 所示。

步骤 18 使用 □ (矩形工具) 在第 2 页上绘制一个矩形框,设置描边颜色为"C:19,M:88,Y:75,K:0"、"粗细"为 3 点,效果如图 9-73 所示。

图 9-72 图 9-73

步骤 19 执行菜单"对象/角选项"命令,打开"角选项"对话框,设置转角大小为 5 毫米、转角形状为"花式",如图 9-74 所示。

步骤 20 设置完成单击"确定"按钮,效果如图 9-75 所示。

图 9-74　　　　　　　　　　　　　　　　　图 9-75

步骤㉑ 使用 🖊（钢笔工具）在矩形框的内部角边缘绘制一个折角，如图 9-76 所示。

步骤㉒ 使用 🖊（吸管工具）在矩形框上单击，为折角应用"花式"转角效果，如图 9-77 所示。

> **技巧：** 🖊（吸管工具）不但能吸取图形的颜色，还能将应用的效果和样式一并吸取，之后将其复制到另一个图形上。

步骤㉓ 设置粗细为 2 点，效果如图 9-78 所示。

图 9-76　　　　　　　　　图 9-77　　　　　　　　　图 9-78

步骤㉔ 复制副本后，将副本移动到另几个角位置，分别单击属性栏中 🔁（水平翻转）按钮和 🔁（垂直翻转）按钮，效果如图 9-79 所示。

步骤㉕ 使用 ▸（选择工具）将矩形框和拐角一同选取，复制一个副本后，将其拖曳到第 3 页上，至此本例制作完成，效果如图 9-80 所示。

图 9-79　　　　　　　　　　　　　　　　图 9-80

第10章

报纸版式设计与制作

报纸是大众媒体，覆盖面大，传播广，可信度高，内容涉及社会生活的各个层面，世界、国家、政治、经济、文化、科技、习俗、娱乐、体育无所不包，深受人们的喜欢。在当今社会中，报纸版式设计也应在与时俱进，即便是一些老牌的报纸，也需要进行不断创新，只有这样才能与时代接轨。

本章内容

▶▶ 旅游报纸整版页面制作　　▶▶ 健康生活报单页版面制作

学习报纸版式设计，应对以下几点进行了解：

▶▶ 报纸版面的常见开本和分类　　　▶▶ 报纸版式中的构成要素
▶▶ 报纸广告设计时的客户需求　　　▶▶ 报纸版面的设计流程

报纸版面的常见开本和分类

大多数的对开报纸以横排为主，使用垂直分栏，而竖排报纸采用水平分栏。一个版面先分为八个基本栏，再根据内容对基本栏进行变栏处理。

目前世界上的报纸版面主要有对开、四开两种，其中，我国的对开报纸版面尺寸为 780mm×550mm，版心尺寸为 350mm×490mm×2，通常分为 8 栏，横排与竖排所占的比例约为 8∶2。四开报纸的版面尺寸为 540mm×390mm，版心尺寸为 490mm×350mm。

目前也出现了一些开本不规则的报纸版面，如宽幅、窄幅报纸等。

按不同的分类方法，可以将报纸分成许多类。从内容上，可分为综合性报纸与专业报纸；从发行区域上，可分为全国性报纸与地区性报纸；按出版周期，可分为日报、早报、晚报、周报等；按版面大小，可分为对开大报和四开小报；按色彩，可分为黑白报纸、套色报纸、彩色报纸。

报纸版式设计时的客户需求

这主要是指根据目标人群来制作适合这部分人群的报纸版式，对于不同人群要进行详细的划分，要有针对老年的设计、针对女人的设计、针对孩子的设计、针对男士的设计、针对风格的设计。

为什么要对目标客户群进行这么精准的定位呢？通过对客户群的定位，可以详细地了解客户群的心理需求，这样就可以满足客户的需求。只有顾客满意了，我们所做的报纸才真正有用了。

报纸版式中的构成要素

报纸版式的构成要素包括：文字、图片、色彩、栏和线条。

（1）文字是报纸版面中最为重要的元素，是读者获取信息的最主要来源。文字的编排主要依靠计算机系统来进行。

（2）比起长篇累牍的文字，图片拥有光鲜夺目的色彩和极具张力的表现手法，因而更容易形成视觉冲击力，活跃版面，并弱化文字的枯燥。因此，图片在报纸版面中的地位不断提高。

（3）色彩也是报纸设计中较为视觉的一个环节，对色彩的把握直接关系到整个画面。色彩具有表达情感的作用，色彩的使用要符合报纸所要表达的主题。比如表现重大自然灾害造成人员伤亡的新闻时，就需要使用较为严肃的色彩，例如黑白。如果还使用鲜艳的色彩，则会给人一种不够严肃、不礼貌的印象。一个优秀的报纸版式，一般都不会离开文字、图片和色彩之间的相互配合。

（4）对于一整版版面，分栏可以让整个布局看起来更加标准，使报纸简洁、易读，更能突出报纸的特点，即从人的因素出发，为读者服务，体现人性化的特征。分栏的最终目的也是为了方便阅读，也就是说，形式必须服从于功能。

（5）报纸中常用的线条，可以使版面中的重要稿件突出；可以划分不同内容稿件，方便读者的阅读；可以使用线条围边、勾边或加以相同的线条装饰，使它们协调统一，有效区别于其他内容；线条具有丰富的情感语言，直线简单大方，细线精致高雅，网线含蓄文雅，花线活泼热闹，曲线运动优美。将线条的特点与稿件内容巧妙结合，能增强版面的感染力、表现力，获得意想不到的效果。文化品位较高的文章可以使用大方单纯的直线，不宜使用花哨的线条装饰；政论性、批判性文章庄重严肃，也不适合使用花边；有的稿件内容经典，为版面中必不可少的内容，但稿件分量少，版面占据量小，易产生不和谐的空白，为了使该部分内容撑满一定的版面，可以使用线条加框处理，从而扩大空间。

报纸版面的设计流程

报纸的编辑工作是报纸生产中最重要的部分之一，由多道工序组成，其工作的业务范围包括策划、编稿和组版三部分。策划是指报纸的策划和报道的策划；编稿是指分析与选择稿件、修改稿件和制作标题；组版是指配置版面内容和设计报纸版面，报纸版式设计就属于组版的范畴。

（1）根据素材确定版面

设计师在对报纸版面进行设计之前，需要根据稿件的内容和字数，以及稿件的新闻性和重要程度分出主次顺序，以此确定文稿、图片的大小以及在版面中所处的位置，并大致勾画出报纸版面的框架。

（2）细致加工美化版面

确定报纸的整体版式框架后，内部的细致内容要进行详细的划分和编排。通过题文、图文的配合，以及长短块、大小标题、横竖排列的安排，再加上字体、字号、线条的变化和花框、底纹、题花的点缀以及色彩的运用和空白的处理等方法，对报纸的外观进行美化和修饰。虽然报纸的版面设计比书刊的版面设计要复杂得多，但它也是依据版面编排设计的基本规律和框架进行的。

报纸版式设计欣赏

实例 46　旅游报纸整版页面制作

（实例思路）

　　报纸版面讲究的是便于观看并且有一定的美观性，这样才能吸引更多的人来买此类报纸。

　　本次版面设计以旅游报纸为例，主要对一个整版进行设计，这样的布局比较保守，适合很多类型的报纸版面。本例中通过 T. （文字工具）输入文字，通过"置入"命令置入图像和文本素材，再为文字设置"分栏"、在图像上设置文本绕排效果，具体操作流程如图 10-1 所示。

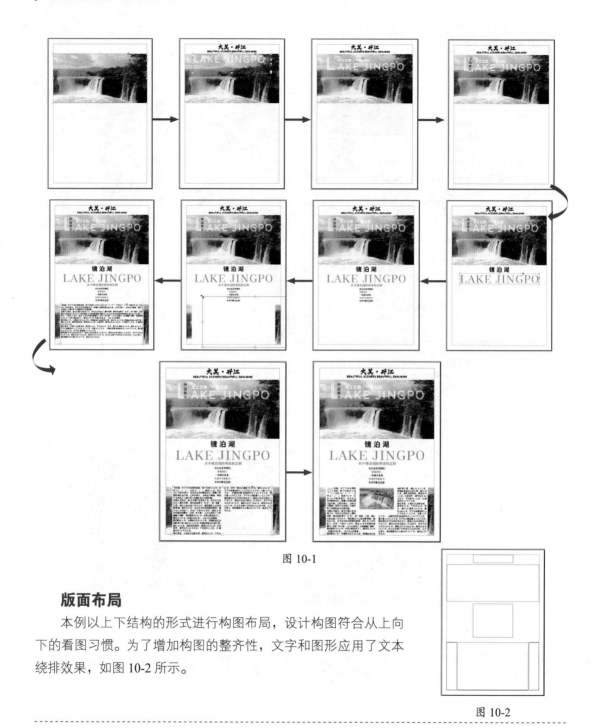

图 10-1

图 10-2

版面布局

本例以上下结构的形式进行构图布局，设计构图符合从上向下的看图习惯。为了增加构图的整齐性，文字和图形应用了文本绕排效果，如图 10-2 所示。

实例要点

▶ 新建文档
▶ 置入素材
▶ 使用文字工具输入文字

▶ 通过"字符"设置文字
▶ 通过"段落"设置段落文本
▶ 设置图形的文本绕排

（操作步骤）--

步骤 01 启动 Indesign CC 软件，新建空白文档，设置"页数"为 1、"宽度"为 390 毫米、"高度"为 540 毫米，设置"出血"为 3 毫米，单击"边距和分栏"按钮，在弹出的"新建边距和分栏"对话框中，设置"边距"为 18 毫米，设置完成单击"确定"按钮。

步骤 02 执行菜单"文件 / 置入"命令，打开"置入"对话框，选择随书附带的"素材 \10\ 图 1.jpg"素材，根据页面的宽度拖曳出图片素材，再使用 ▶（直接选择工具）调整框架内的图像位置和大小，效果如图 10-3 所示。

图 10-3

步骤 03 使用 T（文字工具）在素材图像的上面输入黑色文字"大美 丹江"，在"字符"面板中，设置字体为"Ohhige115"、字体大小为 60 点，其他都为默认值，效果如图 10-4 所示。

步骤 04 使用 ○（椭圆工具）在文字的中间处绘制一个黑色的正圆，效果如图 10-5 所示。

图 10-4

图 10-5

步骤 05 使用 T（文字工具）在中文的下面输入黑色英文"BEAUTIFUL SCENERY, BEAUTIFUL DANJIANG"，在"字符"面板中，设置字体为 AW Conqueror Inline、字体大小为 24 点，其他都为默认值，效果如图 10-6 所示。

步骤 06 使用 T（文字工具）在素材图像中输入白色英文"LAKE JINGPO"，在"字符"面板中，设置字体为 AW Conqueror Inline、字体大小为 107 点，其他都为默认值，效果如图 10-7 所示。

图 10-6　　　　　　　　　　　　　　　　　　图 10-7

步骤 07 使用 T（文字工具）在英文中选择字母 L，将其大小设置为"195 点"，效果如图 10-8 所示。

图 10-8

步骤 08 使用 T（文字工具）在英文中选择其他字母，在"字符"面板中，设置基线偏移为 -30 点，效果如图 10-9 所示。

图 10-9

步骤 09 使用 T（文字工具）在调整基线偏移的字母上面输入白色文字"龙江之旅——镜泊湖"，设置字体为"文鼎 CS 大黑"、字体大小为 36 点，效果如图 10-10 所示。

步骤 10 使用 T（文字工具）在白色文字中输入黑色文字"中国最大"，设置字体为"微软雅黑"、字体大小为 30 点，效果如图 10-11 所示。

图 10-10   图 10-11

> **技巧**：在排版文字内容时，为了让效果更加好看，可以对文字进行大小对比设置、颜色对比设置或不同字体的设置，这样会让输入的文字更加具有层次感。

步骤⑪ 使用 **T** （文字工具）图像素材下方输入中文"镜泊湖"、英文"LAKE JINGPO"，将中文设置成黑色，英文设置成灰色，设置中文字体为"文鼎 CS 大黑"、字体大小为 60 点，设置英文字体为 Modern880 BT、字体大小为 110 点，效果如图 10-12 所示。

步骤⑫ 继续使用 **T** （文字工具）输入文字，分别将文字设置为洋红、黑色和灰色，将洋红色的文字字体设置为"文鼎 CS 大黑"，将黑色和灰色的文字字体设置为"Adobe 宋体 Std"，效果如图 10-13 所示。

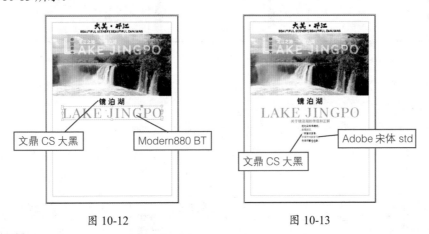

图 10-12   图 10-13

步骤⑬ 使用 **T** （文字工具）将黑色和灰色的文本选取，在"段落"面板中单击 （居中对齐）按钮，效果如图 10-14 所示。

步骤⑭ 将页面中的素材图像复制一个副本，将其拖曳到左下角处，使用 （选择工具）调整图像的框架大小，效果如图 10-15 所示。

步骤⑮ 再复制一个副本，将其拖曳到右下角处，使用 （选择工具）调整图像的框架大小后，再使用 （直接选择工具）调整框架内图像的位置和大小，效果如图 10-16 所示。

步骤⑯ 执行菜单"文件 / 置入"命令，置入随书附带的"素材 \10\ 镜泊湖 .txt"文本，将其放置到底部两个图像的中间位置，效果如图 10-17 所示。

图 10-14

图 10-15

图 10-16

图 10-17

步骤⑰ 执行菜单"对象 / 文本框架选项"命令，打开"文本框架选项"对话框，其中的参数值设置如图 10-18 所示。

步骤⑱ 设置完成单击"确定"按钮，效果如图 10-19 所示。

步骤⑲ 执行菜单"文件 / 置入"命令，置入随书附带的"素材 \10\ 图 2.jpg"素材，使用 🔖（选择工具）调整素材的大小和位置，效果如图 10-20 所示。

图 10-18

图 10-19

图 10-20

步骤⑳ 在"文本绕排"面板中，单击 （沿定界框绕排）按钮，设置 4 边的绕排间距都为 10 点，效果如图 10-21 所示。

步骤㉑ 选择置入的文本，在"段落"面板中设置首字下沉行数为 3、首字下沉个数为 1，效果如图 10-22 所示。

图 10-21

图 10-22

步骤㉒ 使用 T（文字工具）选择下沉的首字，将其设置为"C:0，M:60，Y:60，K:0"颜色，效果如图 10-23 所示。

步骤㉓ 至此本例制作完成，效果如图 10-24 所示。

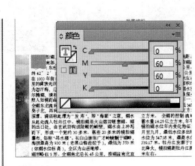

图 10-23

图 10-24

实例 47 健康生活报单页版面制作

实例思路

本次是一款用于宣传健康生活的报纸，通过图像、图形和文本相结合的方式制作整个版面内容。为了吸引眼球，上半部分添加了一个大图像和文本相混合，使其在视觉中成为一个整体。

本例通过 T.（文字工具）输入文字，通过"置入"命令置入图像和文本素材，再为文字设置"分栏"、在图像上设置文本绕排效果，具体操作流程如图 10-25 所示。

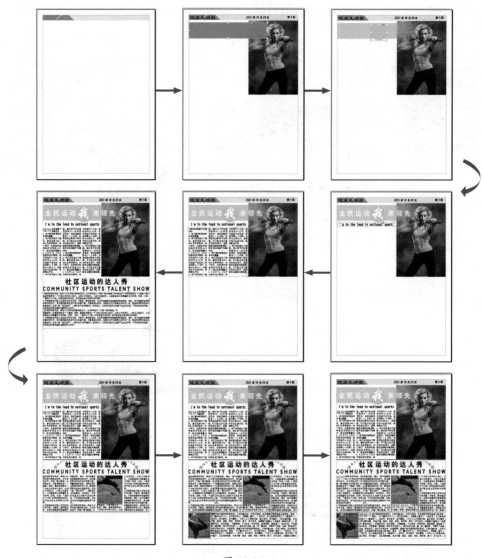

图 10-25

版面布局

　　本例对一个页面中的内容进行版式的排列，将图像与文字进行混合，整版按照从上到下的顺序，大致上分成了 4 个区域，依次为图形和文字组成的版面说明区、图形图像文本混排的主视觉区、文本和图像混排的内容区、图像和文本混排的内容区，在各个区域边缘处还添加了一些修饰和线条，目的是让版面看起来不那么死板，如图 10-26 所示。

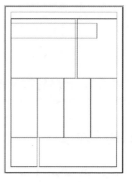

图 10-26

实例要点

- ▶ 新建文档
- ▶ 使用矩形工具绘制矩形
- ▶ 使用钢笔工具绘制图形
- ▶ 使用文字工具输入文字
- ▶ 通过"字符"面板编辑文本
- ▶ 通过"段落"面板编辑文本
- ▶ 设置文本分栏
- ▶ 设置图文混排的文本绕图
- ▶ 置入图像和文本素材

操作步骤

步骤①启动 Indesign CC 软件，新建空白文档，设置"页数"为1、"宽度"为390毫米、"高度"为540毫米，设置"出血"为3毫米，单击"边距和分栏"按钮，在弹出的"新建边距和分栏"对话框中，设置"边距"为18毫米，设置完成单击"确定"按钮。

步骤②使用 ▣（矩形工具）在页面顶部绘制一个灰色矩形，效果如图10-27所示。

步骤③使用 ✑（钢笔工具）在灰色矩形上绘制一个封闭图形，将其填充为"C:11，M:70，Y:70，K:0"颜色，效果如图10-28所示。

图 10-27

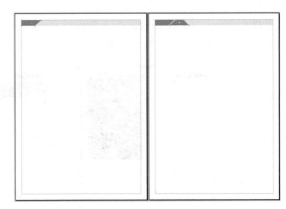

图 10-28

技巧：使用 ▣（矩形工具）绘制矩形后，使用 ▯（直接选择工具）直接调整矩形的控制锚点，同样可以调整矩形为其他形状，如图10-29所示。

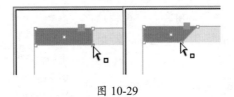

图 10-29

步骤 04 使用 T.（文字工具）在绘制的图形上面输入黑色文字，设置字体为"微软简隶书"、字体大小为 48 点，效果如图 10-30 所示。

步骤 05 使用 T.（文字工具）在灰色矩形上面输入黑色文字，设置字体为"Adobe 黑体 Std"、字体大小为 24 点，效果如图 10-31 所示。

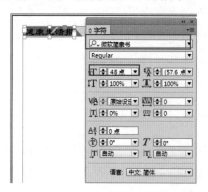

图 10-30   图 10-31

步骤 06 执行菜单"文件 / 置入"命令，打开"置入"对话框，选择随书附带的"素材 \10\ 图 3.jpg"素材，将其放置到页面的右上角处，再使用 ▶.（选择工具）调整框架和图像的大小，效果如图 10-32 所示。

步骤 07 使用 □（矩形工具）在图像的左上角处绘制一个矩形，矩形的长度要有一段覆盖图像，设置填充颜色为"C:11，M:70，Y:70，K:0"，效果如图 10-33 所示。

图 10-32   图 10-33

步骤 08 执行菜单"对象 / 角选项"命令，打开"角选项"对话框，设置右上角的形状为"斜角"，设置转角大小为 15 毫米；其他 3 个角的形状为"无"、转角大小为 5 毫米，如图 10-34 所示。

步骤 09 设置完成单击"确定"按钮，效果如图 10-35 所示。

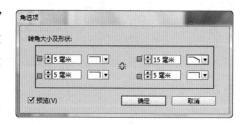

图 10-34

步骤 10 在"效果"面板中设置"不透明度"为 49%，效果如图 10-36 所示。

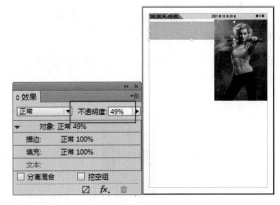

图 10-35 图 10-36

步骤⑪ 使用 ◯（椭圆工具）在半透明矩形上绘制一个灰色的正圆，效果如图 10-37 所示。

步骤⑫ 使用 T（文字工具）在图形上面输入白色文字，设置字体为"文鼎 CS 大黑"、字体大小为 60 点、字符间距为 250，效果如图 10-38 所示。

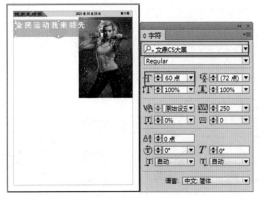

图 10-37 图 10-38

步骤⑬ 使用 T（文字工具）选择"我"字，设置字体为 Ohhige115、字体大小为 120 点，其他参数不变，效果如图 10-39 所示。

步骤⑭ 使用 T（文字工具）输入黑色英文，设置字体为"文鼎 CS 大黑"、字体大小为 30 点，如图 10-40 所示。

图 10-39 图 10-40

步骤⑮ 执行菜单"文件 / 置入"命令,置入随书附带的"素材 \10\ 哑铃运动 .txt"文本,将其放置到图 3 的左侧,效果如图 10-41 所示。

步骤⑯ 执行菜单"对象 / 文本框架选项"命令,打开"文本框架选项"对话框,其中的参数值设置如图 10-42 所示。

图 10-41   图 10-42

步骤⑰ 设置完成单击"确定"按钮,效果如图 10-43 所示。

步骤⑱ 在首个文字处单击,出现输入符号后,在"段落"面板中设置首字下沉行数为 2、首字下沉个数为 2,效果如图 10-44 所示。

图 10-43   图 10-44

步骤⑲ 使用 T.(文字工具)选择下沉的两个文字,设置颜色为"C:11,M:70,Y:70,K:0"、字体为"文鼎 CS 大黑",效果如图 10-45 所示。

步骤⑳ 使用 T.(文字工具)在段落文本和图 3 的下方输入黑色中文和英文,设置中文的字体为"文鼎 CS 大黑"、字体大小为 60 点,设置英文的字体为 AW Conqueror Inline、字体大小为 50 点,效果如图 10-46 所示。

步骤㉑ 执行菜单"文件 / 置入"命令,置入随书附带的"素材 \10\ 空竹运动 .txt"文本,将其放置到英文的下方,效果如图 10-47 所示。

步骤㉒ 执行菜单"对象 / 文本框架选项"命令,打开"文本框架选项"对话框,其中的参数值设置如图 10-48 所示。

图 10-45　　　　　　　　　　　　　　　　　　　图 10-46

图 10-47　　　　　　　　　　　　　　　　　　　图 10-48

步骤 23 设置完成单击"确定"按钮，效果如图 10-49 所示。

步骤 24 执行菜单"文件 / 置入"命令，置入随书附带的"素材 \10\ 图 4.jpg"素材，使用 （选择工具）调整素材的大小和位置，效果如图 10-50 所示。

图 10-49　　　　　　　　　　　　　　　　　　　图 10-50

步骤 25 在"文本绕排"面板中，单击 （沿定界框绕排）按钮，效果如图 10-51 所示。

步骤 26 使用 （椭圆工具）在文字"社区运动的达人秀"两侧各绘制 4 个正圆，设置颜色为"C:8，

M:50，Y:50，K:0"，效果如图 10-52 所示。

图 10-51   图 10-52

> **技巧**：在文字两侧绘制一些小图形，尤其是在文字两侧较空的区域，可以起到修饰以及美化版面的作用。

步骤 27 使用 ✎（直线工具）绘制两条黑色直线，在文字中将其垂直分成 3 个部分，效果如图 10-53 所示。

步骤 28 执行菜单"文件 / 置入"命令，置入随书附带的"素材 \10\ 图 5.jpg"素材，使用 ▶（选择工具）调整素材的大小和位置，效果如图 10-54 所示。

图 10-53   图 10-54

步骤 29 执行菜单"文件 / 置入"命令，置入随书附带的"素材 \10\ 踢毽子 .txt"文本，将其放置到图 5 的右侧，效果如图 10-55 所示。

步骤 30 使用 ✎（直线工具）绘制四条黑色直线。绘制黑色直线的目的是为了让区块文字被划分得更明显，在视觉上也会让版面更加具有视觉感，还会让人产生版面中文字不是很多的感受，这样可以诱导读者阅读整个文章，效果如图 10-56 所示。

图 10-55　　　　　　　　　　　　　图 10-56

步骤 31 与上面文字中的"哑铃"首字下沉同样的方法，为本区域的文本制作首字下沉，至此本例制作完成，效果如图 10-57 所示。

图 10-57

第11章

杂志版式设计与制作

杂志的版式设计包含了封面与内页两个部分，它们需要与杂志的文化内涵相呼应。版式通过丰富的表现手法和内容，使对视觉思维的直观认识与推理认识达到高度的统一，以满足读者认知的、想象的、审美的多方面要求。

本章内容

▶ 彩妆杂志封面　　▶ 汽车杂志内页

▶ 办公杂志内页

学习杂志版式设计，应对以下几点进行了解：

▶ 常见杂志版面尺寸　　　　　　　　　　▶ 杂志版式设计时的制作要求
▶ 杂志媒体的特点　　　　　　　　　　　▶ 杂志版面的设计流程

常见杂志版面尺寸

杂志版面的规格是以杂志的开本为准，主要有 32 开、16 开、8 开等，其中 16 开的杂志是最常见的。细心的读者会发现，同样是 16 开的杂志，大小也是不一样的，原因是 16 开的杂志开本，又可以分为正度 16 开和大度 16 开，这就要求设计师在设计广告作品之前，首先弄清楚杂志的具体版面尺寸。32 开的版面尺寸为 203mm×140mm，8 开的版面尺寸为 420mm×285mm，正度 16 开的版面尺寸为 185mm×260mm，大度 16 开的版面尺寸为 210mm×285mm，目前我国使用最广泛的是大度 16 开的杂志版面尺寸。

杂志媒体的特点

杂志的版式设计包含封面与内页两个部分，它们需要与杂志的文化内涵相呼应。版式通过丰富的表现手法和内容，使对视觉思维的直观认识与推理认识达到高度的统一，以满足读者认知的、想象的、审美的多方面要求。

杂志没有报纸那样的快速性、广泛性、经济性的优势，然而它有着自身的优势，主要表现在以下几个方面。

（1）针对性强

"定位准确，专业性强"是杂志媒体的一大特点。杂志是面向特定目标对象的针对性媒体，例如汽车类杂志的读者几乎都是对汽车感兴趣或想要具体了解汽车相关知识的人群。同时，这些人又都是汽车衍生品的目标消费群体。因此，在杂志中投放广告命中率比较高。如果某一杂志的读者群和某一产品的目标对象一致，它自然将成为该产品比较理想的广告投放媒体。

（2）品质高

杂志广告是所有平面广告中最精美的。由于杂志的图片质量较高，因而增加了杂志信息传达的感染力，丰富了信息传达的手段，这是报纸所没有的优势。现在有很多人看杂志，其实就是在看图片。虽然大多数的杂志，翻开后呈现给浏览人的内容几乎全是广告，但人们依然乐此不疲地购买，这正是杂志广告中精美图片的功劳。通过高质量的、细腻又精美的图片，可以给消费者很强的视觉冲击力，并留下深刻的印象，从而会对其中广告宣传的商品进行购买。

（3）重复阅览及传阅度高

杂志的生命周期长，此外，一本好的杂志在同事、朋友间相互传阅，也是常有的事情。所以，杂志信息可以多次接触消费者，让消费者快速记忆，因此它是理解度较高的媒体。

（4）消费人群

由于杂志是个人出钱购买的读物，因此对其中的商品会有主动购买的意愿，对杂志传达的信息也能欣喜地接受。通常情况下，喜欢经常购买杂志的人，都是经济层次较高的人群，所以，一些高档产品的广告，刊登在杂志上更有效一点，例如汽车、数码产品、化妆品、服装等。

杂志版式设计时的制作要求

在不同杂志中的版式设计与制作中，需要遵循以下几点要求。

（1）文字与图像相辅相成

杂志具有印刷精美、发行周期长、反复阅读、令人回味等特点，因此设计与制作时要发挥杂志广告媒体自身的特点，使内容图文并茂。配色要与杂志内容相匹配，以此来吸引读者的注意力。

（3）杂志位置利用合理

位置与尺寸大小是杂志版面的两个要素。杂志内各版面的位置一般可以分为封面、封底、封二、封三和扉页等。上述版面顺序，一般按照广告费由多到少、广告效果由大到小的顺序排列。同一版面的广告位置也和报纸一样，根据文案划分则上比下好、大比小好，横排字则左比右好，竖排字则右比左好。

（3）情景配合

杂志版式中广告的情景配合与报纸版式中广告的要求大体相同，即同类广告最好集中在一个版面内；内容相反或互相可能产生负面影响的广告安排在不同的版页上，以确保单个杂志广告的效果。

（4）采用多种形式

杂志版式的制作要运用多种手段，采用各种形式，使杂志内容的表现形式丰富多彩。

杂志版面的设计流程

杂志设计是一项较为复杂的工作，包含了封面以及内页的设计。其设计程序主要分为以下几步骤。

（1）确定杂志基调

根据杂志的行业属性、市场定位、受众群体等因素，找出该杂志版面表现的重点，确定杂志的基调。

（2）确定开本形式

根据杂志的定位，确定合适的开本规格及形式，在行业特性的基础上，结合读者的阅读性与视觉传达设计进行创意和创新。

（3）确定封面的版式风格

根据杂志定位，制定杂志封面的设计风格，刊名的字体设计和封面设计是设计的重点。

（4）确定内页的版式风格

确保内页中各大版块设计风格的统一性，并在此基础上进行版块独特性的创新与设计。字体的大小与内容版块的编排要符合杂志的阅览特性和专业属性，使版块结构更有节奏感，保证阅读的流畅性。

（5）确定图片的类型

根据杂志的主要内容，选择主要的图片类型，以适合版面风格、体现版面内容为重点。图片的精度必须保持在 300dpi 以上，以保证印刷质量。

（6）具体设计

将杂志的主题、形式、材质、工艺等特征进行综合整理，并进行具体设计。设计过程中，务必要保证杂志的整体性、可视性、可读性、愉悦性和创造性，从而达到主次分明、流程清晰合理、阅读流畅的视觉效果。

杂志版式设计欣赏

实例 48　彩妆杂志封面

实例思路

彩妆类杂志属于大众类的读物，在这里将该杂志封面设置为标准尺寸 210mm×285mm，以一张处理过的彩妆照片作为背景，使其正好与主题相呼应。版面中除了背景照片以外，都是文本和图形相互混排，使其能够成为一个整体，本例中通过"置入"命令置入图像素材，使用 T（文字工具）输入文字，再为文字绘制一些用于修饰的图形，具体操作流程如图 11-1 所示。

图 11-1

版面布局

本例以上下结构的形式进行构图布局，设计构图符合从上向下的看图习惯，版面中的文字部分与照片背景形成一种水平平衡的效果，让画面看起来没有偏重的感觉。布局中文本除了左对齐以外，还有分组布局，让封面在视觉中显得不那么死板，如图 11-2 所示。

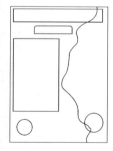

图 11-2

⦅ **实例要点** ⦆ --

▸ 新建文档　　　　　　　　　　　　▸ 绘制正圆和矩形

▸ 置入素材　　　　　　　　　　　　▸ 使用文字工具输入文字

▸ 使用渐变工具填充渐变色　　　　　▸ 设置矩形的角选项

▸ 通过"字符"面板设置文字

操作步骤

步骤 01 启动 Indesign CC 软件，新建空白文档，设置"页数"为 1，勾选"对页"复选框，设置"宽度"为 210 毫米、"高度"为 285 毫米，设置"出血"为 3 毫米，单击"边距和分栏"按钮，在弹出的"新建边距和分栏"对话框中，设置"边距"为 0 毫米，设置完成单击"确定"按钮。

步骤 02 执行菜单"文件 / 置入"命令，打开"置入"对话框，选择随书附带的"素材 \11\ 彩妆人物 .jpg"素材，根据页面的出血线拖曳出图片素材，再使用 ▷ （直接选择工具）调整框架内的图像位置和大小，效果如图 11-3 所示。

图 11-3

步骤 03 使用 ◢ （钢笔工具）在素材图像的上面绘制一个白色的图形，效果如图 11-4 所示。

技巧：在绘制白色图形时，一定要将人物的一只眼睛、半个嘴唇和指甲留在外面，使其能够体现出人物的彩妆效果。

步骤 04 使用 T. （文字工具）在页面的顶部输入黑色文字，设置字体为 Goudy ExtraBold、字体大小为 117 点，再将字体拉高，效果如图 11-5 所示。

步骤 05 使用 ■ （渐变工具）在文字上拖曳，为其填充渐变色，在"渐变"面板中设置渐变颜色从左到右依次为"C:0，M:0，Y:0，K:100""C:0，M:72，Y:0，K:26"，设置"类型"为"线性"、"角度"为 -90°，效果如图 11-6 所示。

图 11-4

图 11-5

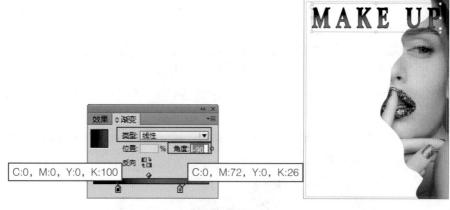

图 11-6

步骤 06 在工具箱中选择"描边",再使用 ▣（渐变工具）在文字描边上拖曳,为其填充渐变色,在"渐变"面板中设置渐变颜色从右到左依次为"C:0,M:72,Y:0,K:26""C:0,M:0,Y:0,K:100",设置"类型"为"线性"、"角度"为90°,效果如图11-7所示。

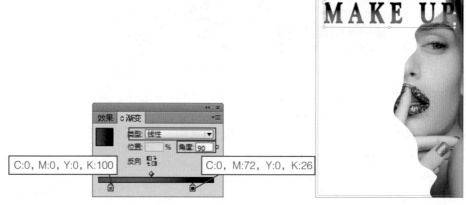

图 11-7

步骤 07 使用 Ⅰ（文字工具）在英文中间输入汉字"彩妆",设置字体为"方正姚体简体"、字体大小为72点,效果如图11-8所示。

步骤 08 使用 ▣（渐变工具）在文字上拖曳,为其填充渐变色,在"渐变"面板中设置渐变颜色从右到左依次为"C:0,M:0,Y:0,K:100""C:0,M:72,Y:0,K:26",设置"类型"为"线性"、"角度"为0°,效果如图11-9所示。

图 11-8

步骤 09 执行菜单"文字/创建轮廓"命令,将文本变为图形,使用 ▸（直接选择工具）选择"妆"字图形顶部的两个锚点,将其向上拉伸,使"彩"字图形和"妆"字图形的一竖变得一样宽,效果如图11-10所示。

步骤⑩ 使用▣（矩形工具）在文字下方绘制一个"C:0，M:57，Y:0，K:17"颜色的矩形，效果如图 11-11 所示。

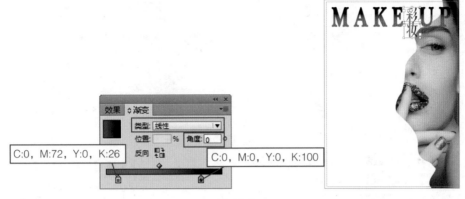

图 11-9

图 11-10

图 11-11

步骤⑪ 执行菜单"对象 / 角选项"命令，打开"角选项"对话框，设置转角大小为 5 毫米，上面两个形状为"圆角"，下面两个"形状"为"无"，效果如图 11-12 所示。

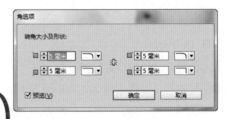

图 11-12

> **技巧**：在属性栏中按住 Alt 键的同时单击"角选项"图标，同样可以弹出"角选项"对话框。

步骤⑫ 设置完成单击"确定"按钮，效果如图 11-13 所示。

步骤⑬ 使用🅣（文字工具）在矩形上输入白色文字，设置字体为"Adobe 宋体 Std"、字体大小为 30 点，效果如图 11-14 所示。

步骤⑭ 使用🅣（文字工具）在矩形的左面和下面输入文字，设置字体为"方正姚体简体"、字体大小为 48 点，效果如图 11-15 所示。

步骤⑮ 使用🅣（文字工具）依次输入文字，调整文字颜色、字体和大小，效果如图 11-16 所示。

图 11-13

图 11-14

图 11-15

图 11-16

步骤⑯ 使用◯（椭圆工具）在右下角处绘制一个"C:0，M:57，Y:0，K:17"颜色的正圆，设置混合模式为"正片叠底"，效果如图 11-17 所示。

步骤⑰ 将上面的"彩"字图形复制一个副本，将其拖曳到正圆上面，再将其调整的大一点，效果如图 11-18 所示。

图 11-17

步骤⑱ 使用 T（文字工具）在"彩"字图形的左侧输入文字，设置字体为"Adobe 宋体 Std"，根据页面自行调整大小，效果如图 11-19 所示。

步骤⑲ 使用◯（椭圆工具）在左下角处绘制一个"C:0，M:57，Y:0，K:17"颜色的正圆，效果如图 11-20 所示。

图 11-18

图 11-19

图 11-20

步骤⑳ 使用 T.（文字工具）输入文字，设置字体分别为"Adobe 宋体 Std"和"方正姚体简体"，至此本例制作完成，效果如图 11-21 所示。

图 11-21

实例 49　办公杂志内页

实例思路

　　本次是一款用于宣传无纸化办公的杂志内页，通过图像、图形和文本相结合的方式制作整个版面内容，页面中最大的图像横跨两个页面，在整个版面中起到第一视觉的作用。本例中通过 T.（文字工具）输入文字，通过"置入"命令置入图像素材，再在"字符"和"段落"面板为文字设置字体、大小、首行缩进等，具体操作流程如图 11-22 所示。

图 11-22

版面布局

本例以两个页面中的内容进行跨页式排版，所有内容被分别放置在 4 个区域内，图像在两个页面中进行显示，以从上向下的方式进行布局，使整个版面看起来非常有序，如图 11-23 所示。

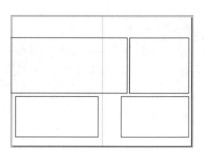

图 11-23

实例要点

▶ 新建文档
▶ 使用矩形工具绘制矩形
▶ 置入素材
▶ 使用文字工具输入文字

▶ 通过"字符"面板编辑文本
▶ 通过"段落"面板编辑文本
▶ 使用钢笔工具绘制线条
▶ 通过"路径查找器"面板设置相加

操作步骤

步骤 01 启动 Indesign CC 软件，新建空白文档，设置"页数"为 2，勾选"对页"复选框，设置"起始页"为 2、"宽度"为 185 毫米、"高度"为 260 毫米，设置"出血"为 3 毫米，单击"边距和分栏"按钮，在弹出的"新建边距和分栏"对话框中，设置"边距"为 18 毫米，设置完成单击"确定"按钮。

步骤 02 使用 ▣（矩形工具）在页面中根据出血线绘制一个白色矩形，效果如图 11-24 所示。

> 提示：要想将 2-3 页的内容以一张的形式进行导出，在创建文档时必须勾选"对页"复选框，在导出 PDF 文档时必须要勾选"跨页"复选框。

步骤 03 执行菜单"文件 / 置入"命令，打开"置入"对话框，选择随书附带的"素材 \11\ 办公 .jpg"素材，使用 ▶（选择工具）调整框架的大小和图像在框架内的大小及位置，效果如图 11-25 所示。

图 11-24

图 11-25

步骤 04 使用 ■（矩形工具）在素材上面绘制两个白色矩形、一个黄色矩形和一个灰色矩形，效果如图 11-26 所示。

步骤 05 使用 ■（矩形工具）在黄色矩形上面绘制两个小黄色矩形，设置描边宽度为 2 点，效果如图 11-27 所示。

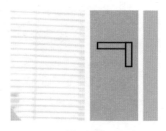

图 11-26　　　　　　　　　　　图 11-27

步骤 06 将两个小矩形一同选取，在"路径查找器"面板中单击 ■（相加）按钮，将其合并为一个对象，效果如图 11-28 所示。

步骤 07 复制一个合并后对象的副本，将其向下移动，单击属性栏中 ■（水平翻转）按钮和 ■（垂直翻转）按钮，效果如图 11-29 所示。

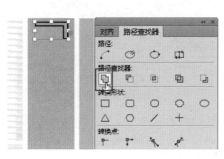

图 11-28　　　　　　　　　　　图 11-29

步骤 08 使用 ■（文字工具）在两个合并图形中间输入文字，设置字体为"方正姚体简体"、字体大小为 48 点，效果如图 11-30 所示。

图 11-30

步骤⑨ 使用 T（文字工具）在文字下方再输入文字，分别设置字体为"文鼎 CS 大黑"和"微软雅黑"，字体大小分别是 40 点和 12 点，效果如图 11-31 所示。

图 11-31

步骤⑩ 使用 （多边形工具）绘制一个黑色的三角形，使用 T（文字工具）输入文字，设置字体为"微软雅黑"、样式为 Bold、字体大小为 14 点，效果如图 11-32 所示。

图 11-32

步骤⑪ 复制三角形后，继续输入文字，效果如图 11-33 所示。

图 11-33

步骤⑫ 使用 T（文字工具）输入段落文字，设置字体为"Adobe 宋体 Std"、字体大小为 12 点，在"段落"面板中设置首行缩进为 8 毫米，效果如图 11-34 所示。

图 11-34

步骤 13 使用 ▣（矩形工具）在段落文本下方绘制一个灰色的矩形，效果如图 11-35 所示。

图 11-35

步骤 14 使用 T（文字工具）在灰色矩形上输入白色文字，设置字体为"微软雅黑"、样式为 Bold、字体大小为 14 点，在"段落"面板中单击 ▤（水平居中）按钮，效果如图 11-36 所示。

图 11-36

步骤 15 使用 ◢（钢笔工具）在白色文字的左右下角处绘制白色拐角和直线，设置描边宽度为 1 点，效果如图 11-37 所示。

步骤 16 使用 ▣（矩形工具）绘制一个黄色矩形，再使用 T（文字工具）输入段落文本，设置首行缩进为 8 毫米，效果如图 11-38 所示。

图 11-37   图 11-38

步骤 17 执行菜单"文件 / 置入"命令，置入随书附带的"素材 \11\ 办公 2.jpg"素材，使用 ▶（选择工具）调整素材的大小和位置，效果如图 11-39 所示。

图 11-39

步骤 18 执行菜单"文件 / 置入"命令，置入随书附带的"素材 \11\ 办公 3.jpg"素材，使用 ▶（选择工具）调整素材的大小和位置，效果如图 11-40 所示。

图 11-40

步骤 19 复制"办公 3"素材得到一个副本，将其向下移动后，使用 ▶（选择工具）调整框架大小、素材大小和素材在框架中的位置，效果如图 11-41 所示。

步骤 20 使用 □（矩形工具）在"办公 2"素材的上面绘制一个黄色的矩形，使其与上面的黄色相呼应，效果如图 11-42 所示。

图 11-41

图 11-42

步骤 ㉑ 使用 T.（文字工具）在页面的 4 个角处分别输入文字，至此本例制作完成，效果如图 11-43 所示。

图 11-43

实例 50 汽车杂志内页

实例思路

　　杂志中的版式，以往的横平竖直便于观看的思维已经落伍了，在设计杂志版式时，可以结合对应的宣传内容而进行更加新颖的布局。

　　本次是一款汽车方面的杂志内容，按照主题和内容相分离的模式进行设计，偶数页以标题的方式展现主要说明的内容；奇数页在图像模块中插入多张不同地点的汽车图片，并对其进行了视觉上的排列组合，以此来传递本内页要表达的信息内容。本例中通过 T.（文字工具）输入文字，通过"置入"命令置入图像素材，再在"字符"面板中为文字设置字体、大小等，图形的编辑使用了"路径查找器"面板中的 回（相加）和 回（减去）功能，以及"贴入内部"等命令，具体操作流程如图 11-44 所示。

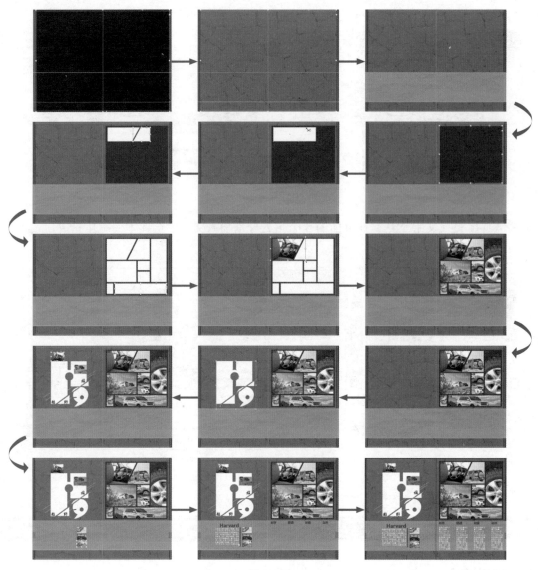

图 11-44

版面布局

本汽车杂志内页在奇数页显示详细内容，偶数页显示标题内容，整体的布局以上下结构进行排版，上面展示布局的图像，下面展示说明文字，如图 11-45 所示。

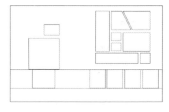

图 11-45

实例要点 --

▶ 新建文档
▶ 使用矩形工具绘制矩形
▶ 使用剪刀工具编辑图形
▶ 置入素材
▶ 使用文字工具输入文字

▶ 通过"字符"面板编辑文本
▶ 通过"路径查找器"面板设置相加和减去
▶ 使用直线工具绘制直线
▶ 设置不透明度

操作步骤 --

步骤01 启动 Indesign CC 软件，新建空白文档，设置"页数"为 2，勾选"对页"复选框，设置"起始页"为 2、"宽度"为 185 毫米、"高度"为 260 毫米，设置"出血"为 3 毫米，单击"边距和分栏"按钮，在弹出的"新建边距和分栏"对话框中，设置"边距"为 18 毫米，设置完成单击"确定"按钮。

步骤02 使用□（矩形工具）在页面中根据出血线绘制一个矩形，设置填充颜色为"C:0，M:77，Y:100，K:62"，使用▶（选择工具）在标尺上按住鼠标拖曳出辅助线，效果如图 11-46 所示。

步骤03 使用□（矩形工具）依据辅助线绘制一个黑色的矩形，效果如图 11-47 所示。

步骤04 按 Ctrl+C 快捷键复制矩形，执行菜单"编辑 / 原位粘贴"命令，得到一个黑色矩形副本，执行菜单"文件 / 置入"

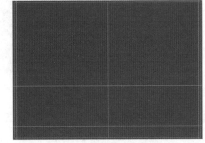

图 11-46

命令，置入随书附带的"素材 \11\ 石头地面 .jpg"素材，使用▶（直接选择工具）调整素材的大小，效果如图 11-48 所示。

图 11-47

图 11-48

步骤05 在"效果"面板中设置"不透明度"为 20%，效果如图 11-49 所示。

步骤06 使用□（矩形工具）依据辅助线绘制一个黑色矩形，效果如图 11-50 所示。

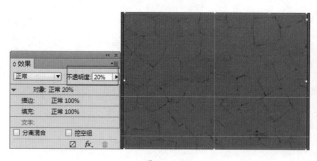

图 11-49　　　　　　　　　　　　　图 11-50

步骤07 执行菜单"文件 / 置入"命令，置入随书附带的"素材 \11\ 纸 .jpg"素材，使用 （直接选择工具）选择置入的图像素材，设置"不透明度"为 38%，效果如图 11-51 所示。

步骤08 使用 （矩形工具）在第 3 页上绘制一个黑色矩形，设置"不透明度"为 40%，效果如图 11-52 所示。

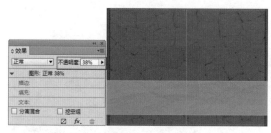

图 11-51　　　　　　　　　　　　　图 11-52

步骤09 使用 （矩形工具）在黑色矩形上绘制一个白色矩形，效果如图 11-53 所示。

步骤10 使用 （剪刀工具）将白色矩形进行分割，将分割后的对象移动位置，效果如图 11-54 所示。

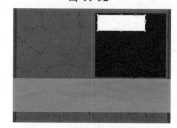

图 11-53

图 11-54

步骤11 使用 （矩形工具）在页面中绘制一些白色矩形，效果如图 11-55 所示。

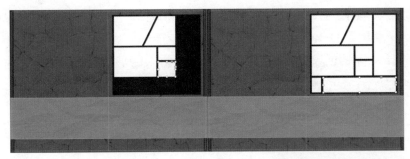

图 11-55

步骤 12 选择其中的一个白色区域，执行菜单"文件 / 置入"命令，置入一张黑白汽车素材图像，使用 ▶ （直接选择工具)调整素材大小和位置，效果如图 11-56 所示。

步骤 13 选择其中的一个白色区域，执行菜单"文件 / 置入"命令，置入一张黑白汽车素材图像，使用 ▶ （直接选择工具）调整素材大小和位置，效果如图 11-57 所示。

图 11-56

图 11-57

步骤 14 使用 T （文字工具）在每个素材上面输入"H9"，将颜色设置为"C:0，M:77，Y:100，K:62"颜色，效果如图 11-58 所示。

步骤 15 使用 T （文字工具）在文档外面输入一个字母"H"，设置字体为 Shotgun BT，效果如图 11-59 所示。

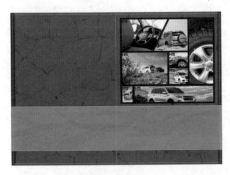

图 11-58

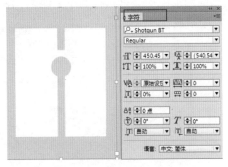

图 11-59

步骤⑯ 执行菜单"文字 / 创建轮廓"命令，将文字转换成图形，使用✂（剪刀工具）对文字图形进行分割，效果如图 11-60 所示。

步骤⑰ 选择底部分割的区域将其删除，再使用T.（文字工具）输入一个数字"9"，效果如图 11-61 所示。

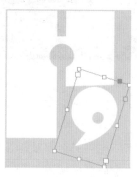

图 11-60 图 11-61

步骤⑱ 执行菜单"文字 / 创建轮廓"命令，将文字转换成图形，将两个图形一同选取，在"路径查找器"面板中单击🔲（相加）按钮，将其合并为一个对象，效果如图 11-62 所示。

步骤⑲ 使用✐（钢笔工具）绘制一个封闭的图形框，效果如图 11-63 所示。

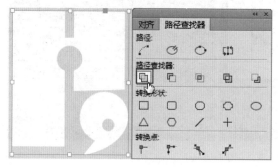
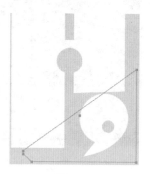

图 11-62 图 11-63

步骤⑳ 将图形框和后面的图形一同选取，复制一个副本，在"路径查找器"中单击🔲（减去）按钮，效果如图 11-64 所示。

步骤㉑ 选择刚才复制副本的原图，单独选择合并后的图形，按 Ctrl+X 快捷键将其剪切。选择钢笔绘制的图形框后，再执行菜单"编辑 / 贴入内部"命令，效果如图 11-65 所示。

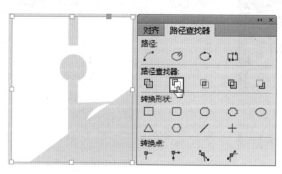
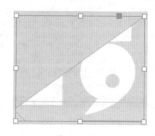

图 11-64 图 11-65

步骤 22 去掉图形的描边，将两个图形进行位置上的调整，效果如图 11-66 所示。

步骤 23 将两个图形拖曳到文档中的第 2 页上，效果如图 11-67 所示。

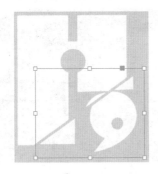

图 11-66　　　　　　　　　　　　　　图 11-67

步骤 24 使用 ✎（直线工具）绘制一些斜线，效果如图 11-68 所示。

步骤 25 使用 T（文字工具）在图形上输入黑色文字"越野一族"，设置字体为"方正舒体"，效果如图 11-69 所示。

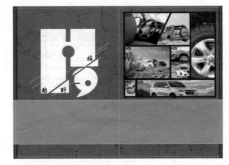

图 11-68　　　　　　　　　　　　　　图 11-69

步骤 26 置入两张黑白汽车素材图像，使用 ▶（选择工具）分别调整图像大小和位置，效果如图 11-70 所示。

步骤 27 使用 ▢（矩形工具）在置入的一个黑白图像上绘制一个"C:0，M:77，Y:100，K:62"颜色的矩形，设置"不透明度"为 40%，效果如图 11-71 所示。

图 11-70　　　　　　　　　　　　　　图 11-71

步骤 28 使用 ▢（矩形工具）在第 2 页的左下、在第 3 页的右下处分别绘制一个"C:0，M:77，Y:100，K:62"颜色的矩形，设置"不透明度"为 40%，效果如图 11-72 所示。

步骤29 置入 3 张黑白汽车素材图像，将其放置到第 3 页中，使用 ▶️（选择工具）分别调整图像大小和位置，效果如图 11-73 所示。

图 11-72　　　　　　　　　　　　　图 11-73

步骤30 使用 T（文字工具）在第 2 页处输入文字，设置文字颜色为"C:0，M:77，Y:100，K:62"，设置字体为"微软雅黑"、样式为 Blod、字体大小为"36 点"，效果如图 11-74 所示。

步骤31 使用 T（文字工具）拖曳出文本框并在文本框中输入段落文本，效果如图 11-75 所示。

图 11-74　　　　　　　　　　　　　图 11-75

步骤32 使用 ／（直线工具）在文字边缘绘制一条竖线，设置描边"粗细"为 4 点，颜色为"C:0，M:77，Y:100，K:62"，效果如图 11-76 所示。

图 11-76

步骤33 使用 T（文字工具）在第 3 页的下部输入文字，将颜色设置为"C:0，M:77，Y:100，K:62"，效果如图 11-77 所示。

步骤 34 使用 T. （文字工具）在文字"越野"的下方拖曳出文本框，在其中输入对应的文本，
将文本设置为"白色"，效果如图 11-78 所示。

图 11-77   图 11-78

步骤 35 使用同样的方法在其他文字下方拖曳出文本框并输入文字，使用 ▶ （选择工具）分别
选择文字和下面文本框中的文字，按 Ctrl+G 快捷键将其群组，至此本例制作完成，效果如
图 11-79 所示。

图 11-79

12

第12章

网页设计与制作

网页不是把各种信息简单地堆积起来能看或者表达清楚就行了，还要考虑通过各种设计手段和技巧让受众能更多、更有效地接收网站中的各种信息，从而对网站留下深刻的印象并催生消费行为，提升企业品牌形象。

（本章内容）

▶ 商品广告类网页   ▶ 公益宣传网页

学习网页设计，应对以下几点进行了解：

▶ 网页设计的概述   ▶ 网页安全色

▶ 网页设计中的布局分类形式   ▶ 网页设计流程

▶ 网页配色概念

网页设计的概述

网页设计主要讲究的是页面的布局，也就是各种网页构成要素（文字、图像、图表、菜单等）在网页中有效地排列起来。在设计网页页面时，需要从整体上把握各种要素的布局，利用表格或网格进行辅助设计。只有充分地利用、有效地分割有限的页面空间、创造出新的空间，并使其布局合理，才能制作出好的网页。

网页是当今企业进行宣传和营销的一种重要手段。作为上网的主要依托，由于人们频繁地使用网络，网页变得越来越重要，网页设计也得到了发展。网页效果是提供一种布局合理、视觉效果突出、功能强大、使用更方便的界面给每一个浏览者，使他们能够愉快、轻松、快捷地了解网页所提供的信息。

网页设计中的布局分类形式

设计网页页面时，常用的版式有单页和分栏两种，在设计时需要根据不同的网站性质和页面内容选择合适的布局形式。通过不同的页面布局形式，可以将常见的网页分为以下几种类型。

（1）"国"字型：这是网页上使用最多的一种结构类型，是综合性网站常用的版式，即最上面是网站的标题以及横幅广告条；接下来就是网站的主要内容，左右分列小条内容，通常情况下左边是主菜单，右面放友情链接等次要内容；中间是主要内容，与左右一起罗列到底；最底端是网站的一些基本信息、联系方式、版权声明等。这种版面的优点是页面充实、内容丰富、信息量大；缺点是页面拥挤、不够灵活。

（2）拐角型：又称 T 字型布局，这种结构和上一种只是形式上的区别，其实是很相近的，就是网页上边和左右两边相结合的布局，通常右边为主要内容，比例较大。在实际运用中，还可以改变 T 布局的形式，如左右两栏式布局，一半是正文，另一半是图像或导航栏。这种版面的优点是页面结构清晰、主次分明、易于使用；缺点是规矩呆板，如果细节色彩上设计不到位，很容易让人"看之无味"。

（3）标题正文型：这种类型即上面是标题，下面是正文，一些文章页面或注册页面多属于此类型。

（4）左右框架型：这是一种分为左右布局的网页，页面结构非常清晰，一目了然。

（5）上下框架型：与左右框架型类似，区别仅仅在于上下框架型是一种将页面分为上下结构布局的网页。

（6）综合框架型：综合框架型网页是一种将左右框架型与上下框架型相结合的网页结构布局方式。

（7）封面创意型：这种类型的页面设计一般很精美，通常出现在时尚类网站、企业网站或个人网站的首页，优点显而易见、美观吸引人；缺点是速度慢。

（8）HTML 5 型：HTML 5 型是目前非常流行的一种页面形式，由于 HTML 5 功能强大，页面所表达的信息更加丰富，且视觉效果出众。

网页配色概念

网页配色就是使怎样的颜色搭配，才能呈现网站风格特性。在配色的过程中，要注意网页配色与页面布局的一致性，因为配色只是一种辅助及参考，以专业的配色效果来看，要随着不同的页面布局，适当针对配色效果中的某个颜色来加以修正，如此才可使得页面效果更尽善尽美。在配色中，可以按照以下几种配色方式来完成网页的配色。

（1）冷色系：冷色系给人专业、稳重、清凉的感觉，如蓝色、绿色、紫色都属于冷色系。

（2）暖色系：暖色系带给人较为温馨的感觉，由太阳颜色衍生出来的颜色，如红色和黄色都属于暖色系。

（3）色彩鲜艳强烈：色彩鲜艳强烈的配色会带给人较有活力的感觉。

（4）中性色：就是黑、白、灰三种颜色。适合与任何色系搭配，给人的感觉是简洁、大气、高端等。

网页安全色

在早期浏览器刚刚发展时，大部分的计算机都是在 256 色模式的显示环境，而在此模式中的 Internet Explorer 及 Netscape 两种浏览器并无法在画面上呈现相同的颜色，也就是有些颜色在 Internet Explorer 中看的到，而在 Netscape 则看不到。为了避免网页设计时的困扰，有人将这 256 色里，在 Internet Explorer 和 Netscape 都能正常显示的颜色找出来，其颜色数就是 216 色，因此一般都称之为"216 网页安全色"。不过由于现今的显示器都是全彩模式，所以已不必一定要谨守 216 色的限制。

另外，页面上的颜色值是采用 16 进制的方式表示，也就是颜色值范围会从 RGB 模式中的 0 ～ 255 变为 00 ～ FF。以红色为例，在美工软件中的颜色值为（255, 0, 0），改成 16 进制值后会变成 #FF0000，如图 12-1 所示。

图 12-1

不过屏幕上的显示结果与印刷效果多少会有些出入，所以还是要以浏览器上的显示结果为主，而色卡可作为设计时的参考，如图 12-2 所示。

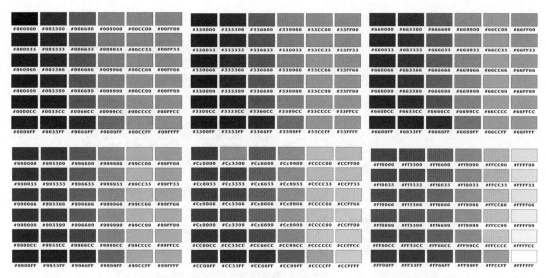

图 12-2

网页设计流程

网页版式设计是一个感性思考与理性分析相结合的复杂过程，对设计师自身的美感以及对版面的把握有较高的要求。网页版式设计的流程主要可以分为如下几个步骤。

（1）分析定位

这一阶段主要是根据客户的要求以及具体网站的性质来确定网页版面的设计风格，进行综合分析之后确定设计思路。

（2）设计构思

在完成研究分析之后，就进入了设计构思的阶段。此阶段是根据客户所提供的图片、文字、视频等内容进行大致位置的规划，设计网页版面布局。

（3）方案设计阶段

将研究分析的结果在电脑上呈现出来，这时往往会出现诸多在草图中没有暴露的问题，要逐个进行分析解决。此阶段结合版面色彩、构图等因素综合考虑，制作出网页平面设计稿，供客户进行审核。

（4）网页切割

确定网页版面的设计方案之后，将版面中的图片进行合理的切割，以保证最终网页的浏览速度。

（5）网页制作

当网页版面的所有设计程序完成之后，就进行到网页制作阶段，需要使用专业的网页制作软件（如 Dreamweaver）将网页设计稿制作成最终的网页。

网页设计欣赏

 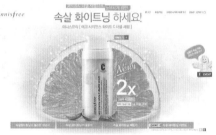

 实例 51　商品广告类网页

（实例思路） --

　　本网页属于封面创意类型，在网页中用商品本身占据大面积的视觉点，让浏览者能第一时间知道本网页是干什么的。整个网页就是一个创意的作品，不但看着舒服，还能表现出本网页的主题。本例中通过"置入"命令置入图像素材，用 **T**（文字工具）输入文字，再为文字绘制一些用于修饰的图形，将除了商品本身的文字和图形进行分组布局，使整个画面看起来更加具有视觉冲击力,具体操作流程如图 12-3 所示。

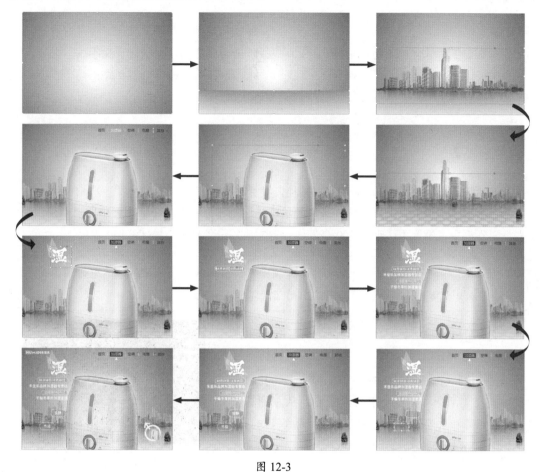

图 12-3

版面布局

本例以商品本身作为中心,其他的内容都是围绕商品而展开的。此类布局文字叙述性信息较少,为了避免给浏览者产生空荡、单调的感觉,将产品的图片放置在页面最中间的位置显示,这样既填补了页面的空洞,又更好地展示了该产品,如图 12-4 所示。

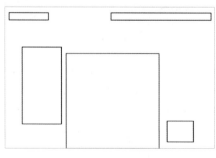

图 12-4

实例要点 -

▶ 新建文档

▶ 使用渐变工具结合"渐变"面板
　为图形填充渐变色

▶ 置入素材

▶ 使用文字工具输入文字

▶ 通过"字符"面板设置文字

▶ 绘制矩形并转换成圆角矩形

▶ 调整顺序

操作步骤 -

步骤01 启动 Indesign CC 软件,新建空白文档,设置"页数"为1、"宽度"为361毫米、"高度"为238毫米,设置"出血"为0毫米,单击"边距和分栏"按钮,在弹出的"新建边距和分栏"对话框中,设置"边距"为0毫米,设置完成单击"确定"按钮。

> 提示:用于印刷的作品在设计与制作时必须要留出出血线,而应用到网络中的图像是
> 不需要留出血线的,因为网络上的图片不涉及裁切。

步骤02 使用■(矩形工具)沿页面大小绘制一个矩形,效果如图 12-5 所示。

步骤03 使用■(渐变工具)在矩形上拖曳,为其填充渐变色,在"渐变"面板中设置渐变颜色从左到右依次为"白色"和"黑色",设置"类型"为"径向",效果如图 12-6 所示。

图 12-5

图 12-6

步骤04 复制矩形,将副本调矮,使用■(渐变工具)在矩形上拖曳,为其填充渐变色,在"渐变"面板中设置渐变颜色从左到右依次为"白色"和"黑色",设置"类型"为"线性"、"角度"为"90°",效果如图 12-7 所示。

步骤05 执行菜单"文件 / 置入"命令,置入随书附带的"素材 \12\ 楼群 .png"素材,使用▶(选择工具)调整素材的大小和位置,效果如图 12-8 所示。

图 12-7

图 12-8

步骤 06 设置混合模式为"变暗"、"不透明度"为49%，效果如图12-9所示。

步骤 07 执行菜单"文件/置入"命令，置入随书附带的"素材\12\影.png"素材，使用 （选择工具）调整素材的大小和位置，效果如图12-10所示。

步骤 08 执行菜单"文件/置入"命令，置入随书附带的"素材\12\加湿

图 12-9

器.png"素材，使用 （选择工具）调整素材的大小和位置，效果如图12-11所示。

图 12-10

图 12-11

步骤 09 执行菜单"对象/效果/外发光"命令，打开"效果"对话框，其中的参数值设置如图12-12所示。

步骤 10 设置完成单击"确定"按钮，效果如图12-13所示。

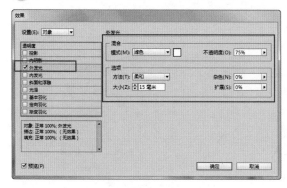
图 12-12

图 12-13

步骤 11 使用 T.（文字工具）在页面的右上角处输入灰色和白色文字，设置字体为"微软雅黑"、字体大小为 24 点，效果如图 12-14 所示。

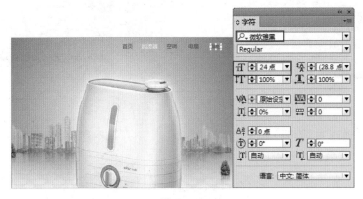

图 12-14

步骤 12 使用 /（直线工具）在文字中间绘制 4 条描边粗细为 2 点的白色直线，效果如图 12-15 所示。

步骤 13 使用 □（矩形工具）在文字"加湿器"上绘制一个深灰色的矩形，按 Ctrl+[快捷键将其调整到文字的后面，效果如图 12-16 所示。

图 12-15   图 12-16

步骤 14 使用 /（直线工具）在深灰色矩形下面绘制一条白色直线，使用 ○.（多边形工具）绘制一个白色三角形，效果如图 12-17 所示。

步骤 15 使用 ◇（钢笔工具）在左上角处绘制一个白色的封闭图形，设置"不透明度"为 27%，效果如图 12-18 所示。

图 12-17   图 12-18

步骤⑯ 将封闭图形复制一个副本，将其进行适当的旋转，效果如图 12-19 所示。

步骤⑰ 使用 T (文字工具)，输入一个白色文字，将"描边颜色"设置为"C:78，M:5，Y:20，K:0"颜色，设置字体为 Ohhige115、字体大小为 120 点，效果如图 12-20 所示。

图 12-19

图 12-20

步骤⑱ 使用 ▢ (矩形工具) 在文字的底部绘制一个白色矩形框，描边粗细设置为 2 点，让其与文字右对齐，效果如图 12-21 所示。

步骤⑲ 在"路径查找器"面板中，单击 ▢ (转换为圆角矩形) 按钮，将之前绘制的矩形变成圆角矩形，效果如图 12-22 所示。

图 12-21

图 12-22

步骤⑳ 执行菜单"对象/角选项"命令，在打开的"角选项"对话框中设置 4 个角的转角值都为 10 毫米，如图 12-23 所示。

步骤㉑ 设置完成单击"确定"按钮，效果如图 12-24 所示。

图 12-23

图 12-24

步骤 22 按 Ctrl+C 快捷键复制圆角矩形，再执行菜单 "编辑 / 原位粘贴" 命令，复制一个副本，将填充设置为青色、描边设置为 "无"，设置完成将 "不透明度" 设置为 33%，效果如图 12-25 所示。

图 12-25

步骤 23 将两个圆角矩形一同选取，按 Ctrl+G 快捷键将其编组，使用 T.（文字工具）在圆角矩形上输入白色文字，设置字体为 "微软雅黑"，根据圆角矩形来调整大小，效果如图 12-26 所示。

步骤 24 复制圆角矩形和文本，将副本的文字内容进行更改，效果如图 12-27 所示。

图 12-26

图 12-27

步骤 25 在圆角矩形下面，使用 T.（文字工具）输入白色文字，这个文字要选择比上面白色文字粗一点的字体，这里我们选择 "文鼎 CS 大黑"，将其与其他文字进行右对齐，效果如图 12-28 所示。

步骤 26 复制两个圆角矩形，将副本拉高调短，效果如图 12-29 所示。

图 12-28

图 12-29

步骤㉗ 使用 T (文字工具) 在副本圆角矩形上输入白色文字, 设置字体为"文鼎 CS 大黑", 效果如图 12-30 所示。

步骤㉘ 复制一个圆角矩形, 将其移动到右侧, 在"路径查找器"面板中, 单击 ◯ (转换为椭圆形) 按钮, 将椭圆形调整成正圆后, 设置描边粗细为 10 点, 效果如图 12-31 所示。

图 12-30　　　　　　　　　　图 12-31

步骤㉙ 使用 ╱ (直线工具) 绘制一个由线条组成的箭头, 设置描边粗细为 10 点, 效果如图 12-32 所示。

步骤㉚ 复制"加湿器"素材副本, 将其缩小后放置到正圆上, 效果如图 12-33 所示。

图 12-32　　　　　　　　　　图 12-33

步骤㉛ 使用 T (文字工具) 在左上角上输入白色文字, 设置字体为 Lithograph, 使用 ▭ (矩形工具) 绘制一个"C:78, M:5, Y:20, K:0"颜色的矩形, 将其调整到文字的后面, 至此本例制作完成, 效果如图 12-34 所示。

图 12-34

实例 52　公益宣传网页

实例思路

　　本次是一款用于宣传保护生态环境的公益网页，其中以动物为主线，北极熊作为主角，用来说明针对北极熊生活环境的恶化。本例中通过图像、图形和文本相结合的方式制作整个版面内容，页面中最大的图像是用来作为轮播图的一张北极熊图片，在整个版面中起到第一视觉的作用，具体操作流程如图 12-35 所示。

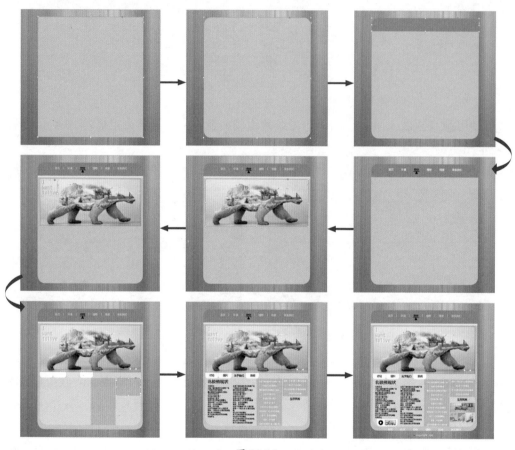

图 12-35

版面布局

　　本例在布局上属于标题正文型，以分组布局的方式进行构图，整个画面以上部的图像部分为重点，下部包括标题与正文、图形，使整个画面看起来非常的丰满，如图 12-36 所示。

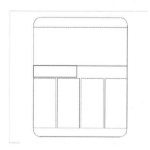

图 12-36

实例要点

- 新建文档
- 使用矩形工具绘制矩形
- 设置"角选项"命令
- 调整矩形为圆角矩形
- 置入素材
- 使用文字工具输入文字
- 通过"字符"面板编辑文本
- 使用椭圆工具绘制正圆
- 使用多边形工具绘制三角形

操作步骤

步骤01 启动 Indesign CC 软件，新建空白文档，设置"页数"为1、"宽度"为361毫米、"高度"为340毫米，设置"出血"为0毫米，单击"边距和分栏"按钮，在弹出的"新建边距和分栏"对话框中，设置"边距"为0毫米，设置完成单击"确定"按钮。

步骤02 执行菜单"文件/置入"命令，打开"置入"对话框，选择随书附带的"素材\12\公益网页背景.jpg"素材，使用 ▶(选择工具)调整框架的大小和图像在框架内的大小及位置，效果如图 12-37 所示。

步骤03 使用 ▭(矩形工具)在页面中绘制一个"C:50，M:0，Y:14，K:0"颜色的矩形，效果如图 12-38 所示。

图 12-37　　　　　　　　图 12-38

步骤04 执行菜单"对象/角选项"命令，打开"角选项"对话框，其中的参数值设置如图12-39所示。
步骤05 设置完成单击"确定"按钮，效果如图 12-40 所示。

图 12-39　　　　　　　　图 12-40

步骤06 使用 ▣（矩形工具）在圆角矩形的上面绘制一个"C:50，M:0，Y:14，K:0"颜色的小矩形，
执行菜单"对象 / 角选项"命令，打开"角选项"对话框，其中的参数值设置如图 12-41 所示。

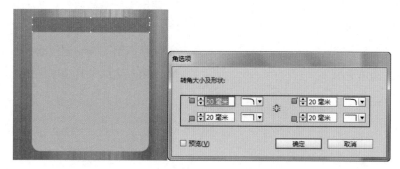

图 12-41

步骤07 设置完成单击"确定"按钮，效果如图 12-42 所示。

步骤08 使用 T（文字工具）在小圆角矩形上输入白色和黑色文字，设置字体为"微软雅黑"、
字体大小为 18 点，效果如图 12-43 所示。

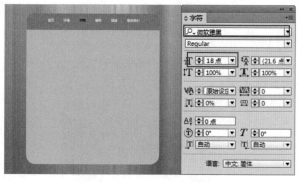

图 12-42   图 12-43

步骤09 使用 ∕（直线工具）和 ▱（多边形工具）在黑色文字下方绘制一条黑色直线和一个黑
色三角形，效果如图 12-44 所示。

步骤10 使用 ∕（直线工具）在文字中间绘制 5 条白色竖线，效果如图 12-45 所示。

图 12-44   图 12-45

步骤11 使用 ▣（矩形工具）在小圆角矩形下面绘制一个白色矩形，设置"不透明度"为

53%，效果如图 12-46 所示。

步骤⑫ 执行菜单"文件 / 置入"命令，打开"置入"对话框，选择随书附带的"素材 \12\ 熊 .jpg"素材，使用 ▶（选择工具）调整框架的大小和图像在框架内的大小及位置，效果如图 12-47 所示。

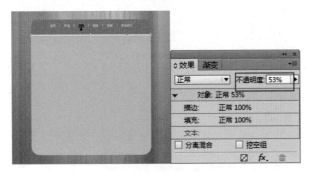 

图 12-46 图 12-47

步骤⑬ 执行菜单"对象 / 效果 / 内阴影"命令，打开"效果"对话框，其中的参数值设置如图 12-48 所示。

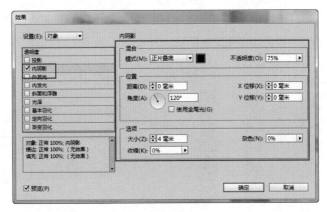

图 12-48

步骤⑭ 设置完成单击"确定"按钮，效果如图 12-49 所示。

步骤⑮ 使用 Ｔ（文字工具）在素材上面输入文字，设置颜色为"C:50，M:0，Y:14，K0"，设置一种字体，字体大小为 36.85 点、"行距"为 36.85 点，效果如图 12-50 所示。

图 12-49 图 12-50

步骤⑯ 执行菜单"对象 / 效果 / 投影"命令，打开"效果"对话框，其中的参数值设置如图 12-51 所示。

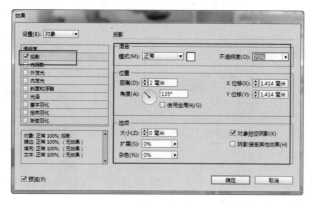

图 12-51

步骤⑰ 设置完成单击"确定"按钮，效果如图 12-52 所示。

步骤⑱ 使用 （椭圆工具）在素材上绘制 3 个正圆，将其填充为白色和青色。再复制顶部的圆角矩形，将其填充为白色，调整大小和位置后，单击属性栏中 （垂直翻转）按钮，然后设置"不透明度"为 23%，效果如图 12-53 所示。

图 12-52   图 12-53

步骤⑲ 再复制 4 个顶部的圆角矩形，将其填充为"白色"，调整大小和位置后，单击属性栏中 （垂直翻转）按钮，然后设置第 3 个副本的"不透明度"为 20%、添加黑色描边，效果如图 12-54 所示。

图 12-54

步骤20 使用■（矩形工具）在页面的下半部分绘制两个黑色矩形，设置"不透明度"为 26%，效果如图 12-55 所示。

图 12-55

步骤21 使用 T（文字工具）在页面的 4 个角处分别输入文字，效果如图 12-56 所示。

步骤22 复制一个白色圆角矩形，将其移动到左下角处并调整大小，效果如图 12-57 所示。

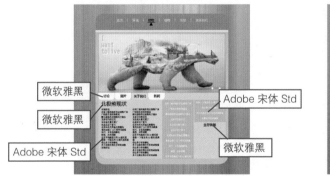

图 12-56

图 12-57

步骤23 使用◎（椭圆工具）绘制一个黑色正圆，使用◎（多边形工具）绘制一个白色三角形，效果如图 12-58 所示。

步骤24 执行菜单"文件 / 置入"命令，置入随书附带的"素材 \12\ 熊 .jpg""小图 1.jpg""小图 2.jpg"和"小图 3.jpg"，分别调整素材的位置和大小，为右侧的 4 个图像添加青色描边，效果如图 12-59 所示。

图 12-58

图 12-59

步骤25 使用 T.（文字工具）在页面的底部输入文字，至此本例制作完成，效果如图 12-60 所示。

图 12-60